分步詳解

今日

粵菜

珠璣小館

江獻珠 編著

萬里機構・飲食天地出版社出版

f 萬里機構wanlibk.com 🔍

分步詳解
今日粵菜

編 著
江獻珠

攝影者
梁贊坤

責任編輯
何健莊

封面設計
王妙玲

版面設計
萬里機構製作部

出版者
萬里機構・飲食天地出版社
香港鰂魚涌英皇道1065號東達中心1305室
電話：2564 7511　　傳真：2565 5539
網址：http://www.wanlibk.com

發行者
香港聯合書刊物流有限公司
香港新界大埔汀麗路36號中華商務印刷大廈3字樓
電話：2150 2100　　傳真：2407 3062
電郵：info@suplogistics.com.hk

承印者
凸版印刷（香港）有限公司

出版日期
二〇一三年十一月第一次印刷

四海食材入饌　烹出滋味粵菜……

廣東人愛吃且嘴刁，名聞全國，古今不少飲食名家都出於嶺南。

粵菜以鮮味為主體，清中求鮮、淡中求美；口感則重嫩和爽；應用的食材，非常廣泛，選料精、花樣多、兼容並包是粵菜的特點。因為地緣之利，廣東四季常青，江河縱橫，水陸物產十分豐富，為飲食提供了數之不盡的原料。

香港位於世界交通樞紐，來自環球的食材，輕易獲得，令到佔香港飲食主流的粵菜更多姿采。

飲食名家江獻珠女士熱愛粵菜，醉心研究烹調之道四十多年，數十年來通過個人的飲食體會，匯東西南北菜系的手法精華，加上對食材品質的執著，她經常選取來自世界各地的上佳食材，按傳統粵菜烹調的精神，在近年製作了很多既符合現代人口味和烹飪習慣的今日粵菜食譜。

在「分步詳解」的第六冊裏，我們精選了江獻珠近年來編寫製作的新食譜，很多新穎食材都不曾出現於傳統粵菜中。書中的三十多款食譜，每個菜都有精細準確的主配材料清單和做法說明，而食材的準備過程更特別詳細，全部附有清晰的分步圖解。即使是新手，只要按部就班的執行，必定可以做出一頓讓全家分享到既有傳統滋味，又具現代特色的今日粵菜。

萬里機構編輯部

目錄

手撕雞

雞在中國飲食上佔了很重要的地位，每一菜系都有不同的雞饌；在烹調技巧、調味和供食的情況上看，便很容易分辨其為某一菜系的特色。但有一些是所有菜系都共通的整雞做法，沒有很顯著的分野。

整雞不斬，可以用手把肉撕出，調些汁液，淋在雞肉上，也是一種吃法。調味的汁液，因著各地的風土人情而有不同。川菜的棒棒雞、怪味雞、椒麻雞、口水雞都是把蒸熟的雞撕成條狀，加入不同的醬料拌和而成。江浙菜有海蜇涼拌雞絲、芥末雞絲、芹菜拌雞絲等等。粵菜缺少涼菜，手撕雞是半熱菜，從整隻雞撕出雞絲，醬汁不外蠔油或沙薑油，沒有太多的花樣。

記得以前在美國加省金寶市的楓林小館，蠔油手撕雞是名菜。美國雞大而無當，肉味極薄，幸好有濃郁的蠔油沙薑汁，彌補了大部分的缺憾。楓林的做法是客家式的，雞先用鹽水浸熟，撕肉後雞骨上粉炸脆，鋪在碟上，骨上排滿雞絲，倒下蠔油沙薑汁，雞皮蓋在雞肉上，賣相一流。

如今的年輕人罕下廚，如在家中吃整雞，不必要求斬多少件方合格，親自落手，既可豪放地大塊撕肉出來，又或慢條斯理，細心去撕，自在地享用。留出的雞骨，還可以加入蔬菜煮成雞湯哩！

材料

光雞	1隻
薑	20克，磨茸
紹酒	2茶匙
鹽	1 1/4茶匙
天津粉皮	2張
青葱	2棵，切粒

沙薑汁料

油	2湯匙
沙薑粉	2湯匙
芝麻醬	2湯匙
麻油	1湯匙
頂上頭抽	1湯匙
蠔油	2茶匙
糖	1茶匙
胡椒粉	1/8茶匙

...手撕雞

手撕雞因有濃郁的醬汁，如想經濟，大可用冰鮮雞，口感雖不若新鮮雞的滑溜，味道更遠遜法國雞，但仍不失為下飯好菜。

... 準備

1 混合薑茸、紹酒和鹽，遍擦在雞皮上和雞腔內，放入大碗裏，蓋上鋁箔，加蓋中火蒸40分鐘，試以竹籤插內雞腿最厚部分，如無血水流出便是熟，移出稍擱冷。用小篩隔過雞汁，撇去雞油留用。

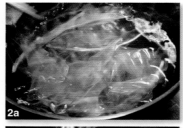

2 粉皮放入鑊內，加沸水過面，浸至透明後便撈出，放入冷水中待冷，再放回冷開水中。撕去硬邊，再切1.5厘米寬的塊，瀝水。

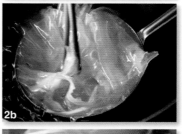

3 雞冷後先除去皮，繼將肉撕條，最後方撕胸肉，排放整齊。

••• 供食法

1 以1/3沙薑汁拌勻粉皮，置於碟底。

2 將1/3沙薑汁拌勻雞肉，加入蔥花同拌勻，置於粉皮上。

3 用菜刀小心把撕好雞胸肉移到最上面，再加入餘下沙薑汁，撒下蔥，供食時在桌上拌勻。

••• 沙薑汁做法

1 飯碗內放入沙薑粉，倒下滾油2湯匙同拌勻。

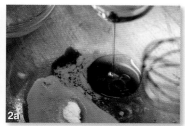

2 大碗內加入沙薑油、蒸雞的汁、芝麻醬、麻油、頭抽、蠔油、糖和胡椒粉，以揮打器打勻待用。

••• 提示

如不用粉皮，可代以小黃瓜片或天津粗粉條。

油燜春筍伴蒜泥白肉

去年（2012年）五月初氣溫已達三十多度，而且悶熱異常，胃口大受影響。江浙人便會吃稀飯，滿桌子擺上多種冷菜，調劑一下口味。

香港是中西南北交匯之地，自第二次世界大戰後，眾多江南人避難來港，帶來自己的飲食文化，融入香港，我們廣府人方有機會接觸到所謂「上海菜」，冷菜開始出現，這些小碟的冷菜，除了送粥，下飯亦可。

三十多年前一個春天，我住在杭州賓館，下山時經過密茂的竹林，正是春筍破土的季節，每餐我都會點吃不同的春筍菜式，印象最深刻的是油燜春筍，既爽又脆，加上濃油赤醬，很有韻味。此後在香港一到四月，我必會到南貨店找春筍。

正宗的油燜春筍，以杭州為最著名，春筍只取其最嫩部分，從筍尖起割出約10厘米，開邊，以重油、重糖烹製，色澤紅亮，鮮嫩脆口。但在我這個老廣東的手中，總不能達到杭州的水準，醬油用少了，而且以頭抽為主，色澤濃厚的老抽，只用些許，況且手上的春筍看來胖胖白白的，與南貨店中幼嫩尖長的春筍大異其趣。筍既不是江南春筍，所以我便肆無忌憚的隨自己心意去做，把味道調校得較為清淡，頗合廣東人的口味。春筍氽水後在鑊內烘乾，用油、糖炒頭抽使色澤亮麗，炒勻再加些麻油便成。雖然針灸醫師早把所有的筍列入戒條，但我也顧不了這許多，吃了幾塊，以慰饞思。

單是一道春筍太單調，便多做了白切肉，紅白兩色雙拼，比較悅目。一般的白切肉多用豬後腿肉，可惜香港的豬肉太瘦，口感乾柴，雖然可用五花腩，我又嫌它肥；於是隨手在冰格中找出一塊豬下巴肉（俗稱豬頸肉），用紹酒、薑、葱，以中小火煮30分鐘，撈出浸在冰水中便有爽口的效果。

蘸白肉的調料，以生蒜泥為主幹，可加入白醋或紅醋，醬油也隨人選擇，豬肉片至約3毫米厚，澆注了蒜泥汁，肉爽汁香，嗜辣的可酌加指天椒，更醒胃口，堪稱夏日好菜。

油燜春筍伴蒜泥白肉

蒜泥白切肉材料

豬下巴肉	400克
薑	3片
青葱	4棵
紹酒	1/4杯

蘸汁料

蒜	3瓣，切細粒
老抽	1茶匙
頭抽	2湯匙
鎮江醋、白糖	各2湯匙
辣椒油	1茶匙
麻油	1湯匙

油燜春筍材料

春筍	450克
油	2湯匙
頭抽	2湯匙
老抽	1茶匙
白糖	2湯匙
鹽	少許
麻油	1湯匙

··· 蒜泥白切肉做法 ·······

1a

1b

2c

2d

1 豬下巴肉片去面上較厚的脂肪，翻過另一面亦如法將脂肪稍為片去，每邊逆紋淺割數刀，使煮時不會捲起。

2 3公升小鍋內加水半滿，置於大火上，燒至水開時加入青葱、薑和紹酒，放下豬肉，排開成一塊，加蓋，中小火煮30分鐘至用竹籤插入時無血水流出便是熟。移出至冰凍開水內浸冷便可用。

2a

2b

3a

3b

••• 油燜春筍做法 •••••••••••••••••••••

3 調蒜泥汁：小碗內加入蒜粒、老抽、頭抽、醋、辣椒油、麻油和糖，拌勻待用。

4 切片法：先順紋分豬肉為兩半，每半再逆紋切薄片，約3毫米厚，排放在長碟上一端。鍋內之肉湯可留作滾湯湯底。

1 春筍剝去筍衣，留用。片去厚皮，切去頭部老硬部分，從中直切為兩半，用菜刀稍為拍鬆，分切為小片，放入開水內，大火煮3分鐘，移出用冷水沖淨，放入中大火上的鑊內烘乾，移出待用。

2 置鑊回中火上，下油2湯匙，加入頭抽，然後下糖，煮至糖溶起泡便下老抽和些許鹽，繼將春筍片投下，不停鏟動，下麻油鏟勻，改為中小火，煮至汁液全部掛在筍片上，便可鏟出供食，熱食或冷食俱可，也可與白切肉同放在碟上供食。

涼拌兩色苦瓜

我拿着朋友小心翼翼帶給我的白玉苦瓜，晶瑩剔透，恰似羊脂白玉，如不細看，還以為是博物館中的藏品哩！

白玉苦瓜是台灣的新品種，運來香港發售不過幾年光景；現在香港幾家有機菜園都種植成功，每年初夏陸續登場，但一和台灣的相比，便有點失色了。

我在台灣電視的烹飪節目中，看到大廚們都用涼拌方式處理，甚少烹煮。這是先入為主的印象，而我也覺得質地這麼精緻的瓜菜，一過了火，等同暴殄天物，非要好好珍惜為是。但，用什麼調料來涼拌方能保存苦瓜的白玉特質呢？心中十分躊躇。結果決定多拌一碟綠色的苦瓜在旁陪襯。

調料一青一紅，拼起來便是紅綠白相映成趣。材料雖然簡單，要想出能彰顯各自特性的處理方法，的確是難題。

我的兩個外孫小時都不吃苦瓜，長大後漸漸知味，反而愛吃。苦瓜黃豆排骨湯是夏天的雋品，牛肉炒苦瓜也是常菜。我和天機比較喜歡清炒苦瓜，不用鹽醃，也不擠水，炒至翠綠便好。無論用哪一種方法，苦瓜可說是我們的家饌，大家吃得眉飛色舞的是百花瓤苦瓜環，不煎而蒸，勾個琉璃芡，清麗脫俗，一環暗綠，襯着嫣紅的蝦膠餡子，上口苦盡甘來，美味而悦目。

苦瓜經火煮便會失去原來的青綠。為了保青，粵廚慣用小蘇打粉去泡煮，破壞了爽脆的口感，也損失了不少養分。在家廚以外要吃苦瓜，便只好忍受了。

...涼拌兩色苦瓜

涼拌的苦瓜是未經烹煮的，為食用安全，請用開水沖洗乾淨。如能買到雷公鑿形苦瓜則更佳。

... 準備 ....

1 白玉苦瓜直切為兩半，刮去瓜瓤及籽，斜切為薄片，約0.4厘米厚，置疏箕內，撒下鹽1/2茶匙同拌勻。

材料
台灣白玉苦瓜 ..... 1個（約400克）
鹽 1/2茶匙
泰國青苦瓜 .... 2個（約500克）
鹽 1/2茶匙

白肉苦瓜醃汁料
白醋 1湯匙
糖 1湯匙
麻油 2茶匙
越南富國魚露 2茶匙
蒜茸 1茶匙
紅辣椒............1隻，去籽切幼絲

青苦瓜醃汁
辣豆瓣醬 2茶匙
辣油 1茶匙
麻油 2茶匙
生抽、糖 各2茶匙
日本味醂 1茶匙

準備時間：15分鐘

••• 涼拌法 ••••••••••••••••••••••••

1a

1b

1 在兩個深碗內，分別調好兩種醃汁。

3a

3b

3c

3 同樣以冷開水沖去青色苦瓜的鹽味，輕按以除去多餘水分，用廚紙吸乾後放入醃汁內同拌勻，以保鮮膜包好後亦冷藏待用。

2b

2c

2d

2 青色苦瓜只取瓜青。一手持瓜，一手持小刀斜切入瓜身，片出角形的塊，一直片至見到瓜瓤為止。繼續如法片完其餘苦瓜，置於另一疏箕內，加鹽拌勻。

2

2 待疏箕內之白玉苦瓜呈半透明時，用冷開水沖去鹽味，用廚紙輕輕吸乾水分後，放入碗內與醃汁同拌勻。以保鮮膜包好，放入冰箱內冷藏起碼2小時使入味。

涼拌三色蟲草花
涼拌老虎菜

盛夏氣溫達攝氏37度，悶熱異常，蟄居在家，胃口全無；很想做些爽口清新的冷食，但苦無新意。一位在北京工作的讀者，與我通信多年。有次見面談到以前讀到梁實秋先生和唐魯孫先生在上世紀四十年代所說的北平吃食，如今已大部分再找不到；想來想去，只有一個特別的家常小食，值得一提，她是在一家叫做「利群」的烤鴨店吃到的。她說的一道涼菜，名叫「老虎菜」，材料只有四種：京葱、青瓜、青椒和芫荽，調味料很簡單，似是鹽和麻油而已，但吃來十分適口；她認為勝在不同蔬菜的配搭，各具特色和口感，有以致之。但這麼簡單的涼拌菜，竟有老虎之名，是何原故？翻查網上，據說有三個來歷：(1)軍閥張作霖，甚嗜此菜，而張又外號「東北之虎」，故以此為名；(2)此菜奇辣，凌厲如虎，因有人在食譜內加入大量辣油之故；(3)一戶東北人家娶了新媳婦，婆婆想試她的手勢，她便胡亂將蔬菜混在一起，婆婆吃了大嘆，「媳婦，你可真虎啊！」(東北人說人傻便是虎)。讀者不必根究源流，聽聽故事也會覺開心。廣東人沒有擺得滿桌都是小碟涼菜的習慣，尤其是火辣如張牙舞爪的老虎，更會提心吊膽。因為得到讀者的特別推介，我才放膽去做，這版本只能稱為「小虎菜」，辣油下得極少，但已超過一般廣東人的極限了。

適菁雲的黃詩鍵派人送來雲南菌季新造的各種野菌，並有福建培植的鮮蟲草花。平日我只用乾蟲草花燒湯，這次別開生面用鮮品來做涼菜，加入萵苣筍絲和白蘿蔔絲，三色蔬拌在一起，主要的調味料是上等魚露。每種蔬菜咬勁都不同，頗具新意，惜蟲草花脆中帶韌，雖有其餘兩種蔬菜調劑，但幫助不大。這次我做的涼菜是純素的，比較清爽。諸如黃豆芽、綠豆芽、菠菜、海帶、甚至野生黑木耳都是可用之材，涼瓜和絲瓜也可以隨時派上用場。

涼拌皮蛋豆腐是台灣人的至愛，在 city'super 內的博多屋，每日新鮮製造的絹豆腐和黑胡麻豆腐，風味雋永，值得你專程走一趟。只要皮蛋買對了，怎樣去調校自己的心水醬汁，更是戲法人人會變，巧妙各有不同。十分羨慕韓國人早餐桌上五光十色的涼菜，大部分香港人都趕着出門上班，沒能好整以暇地逐樣欣賞。因為得到讀者的啟發而拌了兩道涼菜，也算是額外的收穫。

...涼拌三色蟲草花

••• 準備

1a

2a

1b

2b

1c

2c

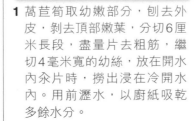

1d

2d

涼拌三色蟲草花材料

新鮮蟲草花........................150克
白蘿蔔............................250克
鹽..............................1/2茶匙
萵苣筍..........1棵，修淨得150克

調味料

麻油................................2茶匙
糖................................1茶匙
頭抽................................1茶匙
上等魚露............................1湯匙
鹽、胡椒粉....................各少許

1 萵苣筍取幼嫩部分，刨去外皮，剝去頂部嫩葉，分切6厘米長段，盡量片去粗筋，繼切4毫米寬的幼絲，放在開水內余片時，撈出浸在冷開水內。用前瀝水，以廚紙吸乾多餘水分。

2 白蘿蔔先切4厘米厚片，然後斜切成4厘米幼絲，用鹽1/2茶匙拌勻，稍擱後放在碗中，加開水浸過面，用前擠出多餘水分。

3 蟲草花摘去菌腳，洗淨後亦 汆水，浸在冷開水內，繼瀝 水。

4 蘿蔔絲、蟲草花同放在碗內， 加入糖、鹽和些許胡椒粉， 方下頭抽、魚露、麻油，拌 勻後方可加入萵苣筍絲再一 同拌勻，試味後方可上碟。

••• 提示⋯⋯⋯⋯⋯⋯

新鮮蟲草花在傳統街市的菜 檔有售，極為普遍。如無蟲 草花可代以紅蘿蔔，也有三 色的效果。

...涼拌老虎菜

下辣椒油時要按個別人士的承受度而定多少，食譜上的只是建議分量，不是標準。

... 準備 ....

1 小青瓜切6厘米長段，改去有籽的部分，切成4毫米寬的幼絲。

涼拌老虎菜材料
小青瓜.................................2條
京葱.....................................1棵
青椒.....................................3隻
長紅椒.................................1隻
小紅椒.................................1隻
芫茜.....................................2棵

調味料
鹽..1/2茶匙
麻油.....................................2茶匙
頂上頭抽.............................2茶匙
山西陳醋.............................4茶匙
糖..1茶匙
紅辣椒油...........1/2茶匙（隨意）

2 京葱切5厘米長段，每段切幼絲，愈幼愈好。

3 青椒去籽，先切4厘米長段，後切幼絲。

4 長紅椒、小紅椒切幼絲，芫茜切5厘米長段。

5 將切備材料放在大碗內，先加入陳醋和頭抽，再下麻油，繼下鹽和糖，一同拌勻。

6 最後酌加辣椒油，隨人口味，拌勻便可上碟。

••• **提示**

辣椒油可隨人口味，從1/4茶匙至1茶匙的分量，太多便過辣了。

23

魚露煎雞排

雞排這一種食材，價廉而物有所值，在香港的確大行其道，不用說是連鎖食店的主幹，也是小食店必備。就算在電視上示範的幾位烹飪家，常會採用雞排，做法大同小異，不一而足。但所用的雞排肉，多半是急凍的，凍肉連鎖店每天一箱箱倒出來，轉眼售罄，廣受歡迎。

雞排其實是去骨帶皮的雞腿肉，不一定是急凍的。我常買到嘉美雞腿，自行去了骨和皮，便是淨雞腿肉；可蒸、炒、燜、煎或炸。兩隻雞腿，差不多與二斤三黃雞同價，我怕這些大陸活雞的飼料有問題，寧可買嘉美雞以求吃得安心。

自從在沙田的 City'super 找到法國出產有機飼養的走地雞後，帶着印傭走了一趟，此後她便知道要買些甚麼了。我曾買到急凍的法國有機無骨雞腿肉，價錢比一般街市的雞排貴四倍，看來是別具一格，便買了一盤，只有一塊上腿，兩塊下腿而已。

從一本在上世紀七十年代初期出版的傳統粵菜食譜中，找到「魚露煎雞腿」的簡單食譜，除了魚露，沒有其他配料，也沒有用太多的調味料。我心想：這是口口都是肉的平實食譜，讀者也不必像我那麼挑剔，要選法國的有機走地雞腿。

我買的法國急凍有機飼養走地雞腿，肉色深紅，腿面的膜也較厚，要花點功夫去處理。我本來不一定要做煎雞排，但因看了別人用急凍雞腿作烹飪示範材料，有點感想，又買到這種法國優質雞腿肉，加上找到不能再簡的食譜，就順勢把煎雞腿做好了。雖然賣相平平無奇，而且只得魚露調味，但成品雞肉味豐足，有咬口，簡單而絕不單調哩！

...魚露煎雞排

雞排豐儉由人；嘉美雞、大陸活雞、法國有機走地雞，甚或急凍的，做法都一樣，只有魚露和雞排兩種作料。要挑最佳的越南富國魚露，味道才濃香豐盛。

... 準備

1a

1b

1c

3

3 深碟內加入各種醃料，攪拌均勻。

4a

4b

4c

1 先取雞上腿，皮向下，手持小刀，開始逐少把厚膜和腿肉分開，繼續向雞腿片入，直至片清厚膜為止。

2 兩塊雞下腿亦如法片去筋膜。

材料
法國有機走地雞腿	300克
煎雞腿用油	1/4杯
生粉	1/4杯
清雞湯	1杯
越南富國魚露	2湯匙
頭抽	1/2茶匙

醃雞排料
胡椒粉	1/8茶匙
鹽	少許
糖	1茶匙
清酒	1/4杯

4 以鬆肉鎚敲鬆雞腿肉，置於長碟中，倒下醃雞排料，不時反面，醃起碼15分鐘，然後倒至雙層疏箕內瀝去醃汁，使流入下層內。

5 在一平底長碟內放入生粉，平均撲在雞排上，用前拍去多餘乾粉。

••• 煎法

1 置中式易潔鑊在中大火上，鑊紅時下油約1/4杯，油熱時逐塊加入雞腿，攤放至平，改為中火。

2 煎一面至金黃便反面，慢慢煎至兩面金黃、雞肉全熟時便可移出至廚紙上吸去油分，把餘油倒出。

3 將雞湯和勻魚露汁，下頭抽拌勻，放入鑊內，仍置於中火上，不停攪拌至汁液稠結，漸變透明。

4 上碟時將雞排斬件，淋下魚露汁供食。

••• 有機走地雞小檔案

雖說讀者不必像我那麼挑剔，要選法國的有機走地雞腿。但走地雞是放養的，每天從籠放出來，走地啄蟲覓食，有自由的活動空間，運動量大，所以肌肉也較結實，加上飼養期長，從81天至110天不等，肉味豐富，而普通欄養的雞，只用40天。現時來自大陸的活雞，聲稱走地，但實情如何，飼料內有沒有摻入荷爾蒙，難以求證。

27

椒鹽香煎三文魚骨

百物騰貴，手上拿着一張十元港幣，買得的東西不多。近日十元連鎖店的日本城，最低消費額也增至十二元了，走進傳統街市，十元也不夠買兩條油炸鬼、或牛脷酥、或砵仔糕，或只夠一客蝦米腸粉罷了。

精明的香港持家人都會留意報章上兩家超級市場的廣告，選擇當日的減價貨品去買；計算起來，積少成多，也是抵抗通脹的好辦法。我在美國生活時每星期三還會剪出報上雞毛蒜皮的優待券，用信封裝起，放在手袋內，隨時使用。其實所省無幾，卻像中了彩票似的，滿心歡喜。可能香港人覺得這樣太小氣了，不嗤之以鼻才怪呢！

初來的印傭，第一次到超市去採購，我教她的便是先看當日報章的廣告，比較過才挑些減價的牌子去買。一次生，兩次熟，很快她便上手了。有一天，看到廣告上有十元一包重550克的挪威急凍三文魚骨，骨上還留有不少魚肉，她覺得太便宜了，便買了兩包回來。自此我用過不同的方法去煎、炸、或燒湯，只是覺得急凍過的魚肉，用蒸法會帶點腥味，不太適宜。

City'super 每天都鮮宰蘇格蘭或挪威空運來的三文魚，解出的魚頭和魚骨都整盤出售，只要是順路，印傭總會買魚頭或魚骨回來，比急凍的美味得多，但價貴四倍。外子最喜三文魚頭，蒸、煎、燜都合胃口，但對魚骨的興趣不大。

三文魚富含奧米加-3（omega 3）的多元不飽和脂肪酸，多食可以減低脂肪在心血管內凝固，從而能防止心臟病發的危機。

不要少看這十塊錢的三文魚骨，只要用心去做，成品口感香酥，又富營養，謹向讀者鄭重推薦，節省也好，反通脹也罷，都值得大家採用和欣賞。

三文魚骨煎後可剪成小塊，吃時十分方便，魚骨還包含魚尾，肉頗多，用筷箸夾來吃，骨間的魚肉應口而出，饒有風味。

材料
急凍挪威三魚骨 . 1包（約550克）
白胡椒粉 1/8茶匙
海鹽 1/4茶匙
油2茶匙 +1湯匙
生粉 1湯匙滿

椒鹽料
即磨黑胡椒碎 1茶匙
蒜 .... 1瓣，切小粒
青葱 .... 1棵，切小粒
小紅椒 .... 1隻，切碎

... 準備

1 三文魚骨在雪柜內解凍，洗淨抹乾，撕去一邊腩骨內的薄膜，另一邊亦如法處理。

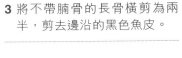

2 片去魚尾帶鱗部分，沿脊骨從中直剪為兩半。

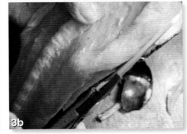

3 將不帶腩骨的長骨橫剪為兩半，剪去邊沿的黑色魚皮。

4 沿中央的脊骨，將帶腩骨的魚骨剪出，剪完為止。

5 置所有魚骨在一深盤內，平均地撒下白胡椒粉，再塗上鹽，醃15分鐘後，每塊魚骨薄薄抹上一層生粉待用。

••• 煎法

1 置直徑30厘米的平底易潔鑊在中大火上，鑊紅時下油2茶匙搪勻鑊面，逐塊放下魚骨，使勿重疊，至鋪滿全鑊面為止。

2 改為中火，煎至色轉微黃便翻面，亦煎至微黃，有魚油溢出，再多煎一會方可鏟出。

3 換一中式易潔鑊，置於中大火上，鑊紅時下油1湯匙，先倒下蒜粒，繼下青葱粒和紅椒粒，方倒下黑椒粒，是時將煎香的三文魚骨全部投入鑊內，不停鏟動，最佳能拋起魚骨數次至全部沾滿椒鹽料為止。供食時可將魚骨剪成小塊，以易入口。

••• 提示

1 急凍三文魚的包裝合世衛標準，有齊所有營養資訊。

2 三文魚含油頗豐，故不需用太多的油去煎。

茭筍絲煎蛋

世界上把茭筍作為蔬菜的，只有中國和越南。古人稱茭筍為「菰」，又稱「雕胡」，是六穀之一。茭筍生長於中國山東、湖北、江西、雲南、廣東等地。以前廣州近荔枝灣的泮塘，有廣大面積的低窪水田，盛產茭筍、蓮藕、馬蹄、菱角和茨菇，共稱「泮塘五秀」。因為每種水產農作物收成時間都不同，很難達到五秀同一時序出現的盛況。

今日的泮塘已非舊貌，荔枝灣填了又重整開，以前甚負盛名的泮溪酒家，經過大事裝修外，與一般金壁輝煌的酒家無殊，已失去昔日老牌酒家自成一格的西關風範了。上世紀八十年代初的一個夏天，我曾在泮溪酒家用膳，吃到的百花瓤茭筍，作料簡單，但茭筍是當地的出品，清新甜美，鮮剝河蝦攪拌的百花膠，精緻爽口，兩者相配，天衣無縫。瓤出來的茭筍先蒸後燜，粗中有細，和味適口。可惜當時得令的泮塘五秀只得其三，菱角和茨菇尚未登場，未能盡窺全豹，至今引為憾事。

我的學生楊世芬，原籍無錫，她久居美國，近日旅行中國後小留香港，住在姊姊家中，只要有機會便帶着傭人上街市買菜，看到琳瑯滿目的新鮮菜蔬，簡直樂開了。她說茭筍肥胖豐滿，十分可愛，若是留在家中吃飯，她一定會親自下廚做些茭筍菜式，餐餐不同。我問她最喜歡哪一種做法，她說最經濟而又簡便的，莫若雞蛋煎茭筍，加個醬油茭，便大功告成，是江浙人的家常菜。

茭筍煎蛋，是怎麼樣的一回事，學生沒有仔細解釋，只說茭筍切幼絲，拌入雞蛋，放鑊中兩面煎黃，再加醬油茭同燜就是了。這個指示，可能產生起碼大、小兩種樣式：（一）個別煎成小餅狀；或（二）煎成一大塊切開。前者個別分明，賣相較佳，而後法則方便快捷，但部分少了蛋餅邊緣的微焦香味。

茭筍煎蛋，如不加其他配料，味道不夠豐富，可酌下些許菇素或無味精雞粉。但茭筍絲口感獨特，咀嚼時有細碎的脆音，混着煎香的蛋，韻味無窮。以前我雖然烹製過不少的茭筍菜式，而現在有了這種簡樸的做法，我一定會頻加使用，趁着季節，及時享受。

...茭筍絲煎蛋

一般超市的茭筍，經過多日運送貯存，鮮味全消，有些還會起灰色的心，袋裝的更會有水流出來。若能到街市的菜檔，逐條挑選，是棋高一著，但最聰明的做法還是到南貨店購買；因為所賣茭筍都是從江南運來，不獨幼嫩，而且味道清新，比廣東出產的較為優勝。總之，無論在那裏購買，要選體形均勻，色澤潔白，見不到灰心的才算合格。

茭筍絲不能切太粗，否則不易結在一起，成不了餅形。但仍有個別下廚人只把茭筍切片，用油炒熟後直接倒入蛋液同炒，也別有風味。

材料

茭筍	800克
油	約4湯匙
雞蛋	3個
粟米粉1湯匙＋水2茶匙	
鹽	1/2茶匙
胡椒粉	1/8茶匙
菇素	1/2茶匙（隨意）

茭汁料

清雞湯	1杯
螺光壼底蔭油	1湯匙
糖	1/4茶匙
鹽	少許
生粉2茶匙＋水2湯匙	
麻油	1茶匙

... 準備

1a

1e

1b

1f

1 茭筍去莢，刨去外皮，斜切成3毫米厚的薄片，再切成3毫米寬的絲，盛在瓷碟上，放入微波爐大火（100%）加熱2次，每次2分鐘，移出至大碗中，下鹽和胡椒粉，以筷箸拌勻。

1c

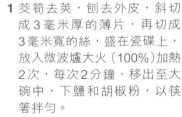

1d

2a

••• 煎法

1a

1b

1c

1 置中式鑊於中火上，鑊熱時
下油2茶匙在鑊之中央，以
1/4量杯作為盛器，在荽筍絲
混合蛋液內一挖，裝滿一量
杯，並且壓平壓實，小心放
下鑊中，見蛋液開始流出，
用鑊按平，使成一餅樣，至
荽筍餅邊緣呈現微黃，即行
翻面，再煎至兩面俱黃，便
鑊至另一易潔平底鑊上。

2 在中式鑊每煎完一塊，便移
到平底鑊上，以最小火保溫。

3 每煎完一塊，鑊中央應加回1-2
茶匙的油，約共需油4湯匙。

••• 燜法

1

1 雞湯中先加入螺光蔭油，繼
下糖、鹽和麻油，生粉另在
小杯內加水2湯匙調勻。

2

2 中式鑊置回中大火上，鑊紅
時一手下紹酒，一手同步加
入荽汁，燒至汁滾後吊下生
粉水，不停鑊動至汁稠，加
入麻油亮荽，是時將荽筍餅
放入荽汁中同燜約2分鐘，便
可鑊至碟上供食。

2b

2c

2d

2 雞蛋打散，調勻粟粉和水，
加入蛋液內，拌勻後倒入荽
筍絲中，以筷箸拌勻待用。

••• 提示

1 本食譜所用微波爐，輸出功
率為1,000瓦特。

2 如不用微波爐，可將荽筍絲
放入易潔鑊內，白鑊烘乾至
身軟，但不能烘焦，以免影
響荽筍餅的外形。

苦瓜青豉汁炒雞翅

每個人接受某種食物的過程都不相同，也不是與生俱來的本能，而是從習慣中慢慢學習得來；而這種由陌生而至熟習的味道，外國人稱之為「培養出來的味道 acquired taste」。簡單地説；在童年的時候，最抗拒的食物，因年紀日漸長大，口味有了經驗，也會慢慢的喜愛了。

我常常覺得自己很幸運，生長在一個美食的大家庭，年紀小小便有機會接觸不同口味的食物。除了無法接納的榴槤，我可説是絕不偏食；而且曾和祖父同住一段時期，雖然那是家境最困難的時候，但我的飲食經驗，遠比其他的兒童更為豐富。

到了我當起婆婆的時候，在美國有很多機會為兩個外孫準備飯餐。他們像所有的美國孩子，每天在學校吃飯堂供給的洋飯，多半不很可口。我選了每星期五休息，不去教烹飪，在家特別為他們燒一頓家常的中餐，也不會遷就他們的口味。很奇怪，他們小時候不願意吃的東西，漸漸也能接納，最明顯的是苦瓜，從不願吃竟然進步到可以和我們一起吃，而且津津有味，更歡喜喝苦瓜黃豆排骨湯，説是甘而不苦，真是始料不及。

前幾天印傭買了兩個雷公鑿苦瓜回來，每個重逾400克，大得驚人，一時不知如何處理。在電視上頻頻見到苦瓜菜式的示範，多是與雞翅同煮。我雖不是雞翅的擁戴者，但也心動起來。

為了不隨俗，我只用苦瓜青，其餘的瓜瓤和籽，全都不用，苦瓜青也不汆水，用些許鹽擦勻，稍擠一下去除苦味，快速沖淨便可。我本來打算把雞翅去骨的，因為不是新鮮貨，不值得花這功夫，斬件便算了。我採用先師特級校對處理豆豉的方法，先蒸好豆豉，然後爆炒，急凍雞翅因而有味，效果也不錯。

苦瓜青豉汁炒雞翅

斬雞翅要快捷，先把雞翅平放在砧板上，看準中央的部分，
手起刀落，一斬為二，否則翅骨碎了，吃時很困難，小孩子
尤其要小心。

材料
雷公鑿苦瓜.............2個，800克
鹽 1/2茶匙
油1湯匙＋1茶匙
清雞湯.................................1/2杯
羅定豆豉 1湯匙滿
紹酒 2茶匙
糖 1茶匙
薑 2片
乾葱 4顆
青葱白...............................4棵
蒜 4瓣
小紅椒.....................2隻（隨意）
雞翅 8隻

雞翅醃料
頂上頭抽 1湯匙
麻油 1茶匙
胡椒粉...........................1/8茶匙
生粉 1茶匙滿

芡汁料
生粉1/2茶匙＋水2湯匙

... 準備

2 放苦瓜青在疏箕內，加鹽1/2
茶匙抓勻，候約15分鐘，沖
去一部分鹽味，稍擠去瓜汁，
瀝水。

1 手持苦瓜蒂，從最厚部分斜
向切下，切出瓜青一角，將
苦瓜轉動，同樣切出苦瓜青
一角，如見有苦瓜瓤留在瓜
青角內，便用小刀片去。

3 與此同步，洗淨豆豉，放在
耐熱玻璃小碗內，加紹酒、
糖和薑片，以中火蒸15分鐘。

••• 炒法

1 置中式易潔鑊在中火上，鑊熱時下油1湯匙，爆香乾葱至透明，鏟出。

3 是時倒下雞湯1/2杯，燒開，放回乾葱，加蓋，煮10分鐘，加入苦瓜青一同鏟勻煮約4-5分鐘。

4 平放雞翅在砧板上，翅面向下，用中式菜刀從中快速大力斬下，分成兩段，放在大碗內，加入頂抽、胡椒粉、麻油和生粉，一同拌勻。

5 乾葱拍扁，葱白切4厘米段，蒜亦拍扁，紅椒切幼絲（如選用）。

6 調勻芡汁料。

2 下油1茶匙搪勻鑊面，放下雞翅排成一層，煎一面至金黃後翻面，煎香後加入蒸好豆豉一同兜勻。

4 勺芡時先倒下生粉水一部分，稍收乾方倒下其餘濕粉勾芡，再鏟勻後撒下葱白，最後下紅椒絲，上碟。

••• 提示

為要保持苦瓜青的翠綠顏色，不應煮得過久，僅熟即可。

39

桂圓核桃炒雙丁

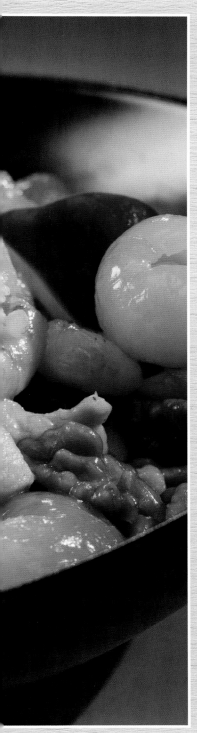

粵菜食譜的出現，當以上世紀二十年代的《美味求真》為最早。及至五十年代，從中國內地避難的大廚師雲集香港，在報上寫「食經」和「食譜」的紛紛出現，陳榮的《入廚三十年》分十四冊先後出版，食經鼻祖特級校對陳夢因也在星島晚報每天寫食經一小段與陳榮分庭抗禮。

在1968年，香港煤氣公司出版了《無比中菜食譜》，那時坊間具有實用性的中菜食譜無多，有了這本近三百頁、分為廣東菜，京菜、福建菜，江浙菜、四川菜四大部分的大型食譜出現，在家自學烹飪或入烹飪學校進修的，都以此為典範。

到了1970年，一位趙振羨先生，推出了一系列三本的食譜：《最新原味粵菜譜》、《新編素菜食譜大全》和《烹調技術常識全書》。我在1974年第一次從美國回港，無意中全部購齊。三本書之中，以《最新原味粵菜譜》(以後簡稱《原味》)我用得最多。其實這本書已包含烹調方法和用料的選購，與《烹調技術常識全書》頗有重複之處。

從《原味》的自序，作者說自己生於華僑之鄉，自幼愛好烹調。及至抗日期間，曾到過港島、廣州、緬甸、雲南、貴州、湛江及澳門等地，得嘗各地名菜，對於烹製方法，亦有所涉獵，蒙友好鼓勵，將一得之見編寫成冊，公諸同好云云。但他沒有直接承認本人為廚師，若照他所述的經驗去推算，成書時為1972年6月，看他的照片，起碼該有五十歲，若還健在，應是九十過外的長者了。

四十多年前出版的《原味》食譜，該列入「古譜」了。全書以烹調方法作分類，第一類是炒法，食譜多屬熱葷。當時所採用的食材，配搭上與今日的大相逕庭，在創新菜、融匯菜大行其道的香港，許多新紮廚師，若能細心從頭讀一遍，在選用物料上，定會有新的啟發。我每星期的專欄，苦無題材時，也會找來細心再讀，都未曾失望。

桂圓核桃炒雙丁

《原味》原譜是桂圓核桃炒鴨腎的，今人怕吃內臟，我改為炒雞丁和蝦仁了。桂圓清甜，核桃甘香，的確是有趣的配搭。

材料

新鮮龍眼	250克
帶皮核桃肉	1杯
炸核桃用油	1杯
鮮蝦	225克
洗蝦用鹽	1茶匙滿
雞柳	175克
水	1湯匙
花菇	3隻
鹽、糖	各少許
長身青、紅椒	各1隻
竹筍肉	125克
薑	15克
蒜	2瓣

蝦肉調味料

鹽	1/4茶匙
糖	1/4茶匙
胡椒粉	少許
紹酒	1茶匙
生粉	1/2茶匙
麻油	1茶匙

雞柳調味料

鹽、糖	各1/4茶匙
胡椒粉	少許
紹酒	1茶匙
生粉	1/2茶匙
麻油	1茶匙

芡汁料

生粉	1/2茶匙
清雞湯	1/2杯

... 準備

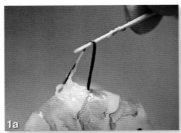

1 蝦去殼挑腸，用鹽抓洗後在水下沖淨，瀝水後排在廚紙上成一層，捲起放入冰箱內冷藏待用。用前加入調味料同醃約10分鐘。

2 花菇用水1/2杯浸軟，去蒂後切1厘米方丁，留浸菇水。

3 核桃肉在開水內煮約5分鐘，攦涼後去衣。排起晾至乾爽。

4 竹筍剝殼去衣，修去厚皮，分切為兩半，再切片，汆水。

5d

5 雞胸肉去皮，割出鎖骨，拉出兩片胸肉，從胸肉中剔去白筋，分成大、小兩半，順紋切胸肉成1厘米寬條，再切成丁。拉出雞柳內的白筋，切成同一大小的方丁，置於碗內先加入水1湯匙，待水為雞丁吸進後方加調味料同拌勻。

6 青、紅椒切角，薑切片，蒜拍碎。

7

7 龍眼用雙手擠殼，即行脫出，雙手執龍眼肉，向左、右分開便露出核，拉出核後把龍眼肉放在碗內，放入冰箱冷藏。

••• 炒法

1

1 易潔鑊內下冷油1杯，同時加入核桃肉，以小火慢熱炸油，不停將核桃肉鏟動，至炸油開始見有氣泡出現，便加至中火，炸至微呈金黃便可移出，核桃顏色離火後自會加深。

2 倒油出鑊隔過，放回鑊內，中大火燒至油熱，先加入雞肉鏟散，方移出瀝油。稍候再燒油至夠熱，便放下蝦仁，鏟散後移出瀝油，留些許油在鑊內。

3a

3b

3c

3d

3 置鑊回中大火上，投下薑片和蒜片，爆炒花菇丁，加入浸菇水同煮至收乾，下少許鹽、糖調味，繼下筍片，加入龍眼肉炒約2分鐘至熱透，方行將雞丁和蝦仁回鑊，是時下青紅椒一同鏟勻，試味後勾芡，拌入炸核桃鏟勻，上碟供食。

••• 提示

1 海味店或一些雜貨店都有用機器去衣的核桃肉出售，雖可省卻去衣的工序，我嫌其不夠新鮮，故用蒙古生產的原個大核桃，剝殼去衣炸黃，甘香酥脆，果是不同凡響。如欲省事，可到國貨公司購買罐裝的炸核桃肉也不錯。蒙古大核桃，在香港蘇杭街「菁雲」有售。

2 龍眼最佳是石硤種，但當造期極短，而泰國龍眼則終年有供應。

蒜片爆炒和牛粒

和牛打進香港肉食市場，不過十來年光景。以前只有高級會所和名餐室方能吃到和牛的菜式，不似今日在許多高級超市和肉食專門店都經常供應，價錢雖是牛肉中的天之驕子，但一般中產家庭，若買來自行烹製，算起來還不算太奢侈。

在香港現時可以購得的和牛，有三個主要來源：日本、澳洲和美國。和牛wagyu在字面上看，wa「和」即是日本，gyu是牛，顯而易見就是日本的牛，以在神戶、松阪、近上、鹿兒島飼養的最為著名。除了日本的和牛是100%純種，澳洲和美國的只是50%至75%配種而已。和牛的特質是肌理間佈滿雪花樣的雲石紋脂肪，而且多屬對人體有益的不飽和脂肪。

在2002年回到美國，我很幸運在一家日本超市買到一塊約二英吋厚的牛肩肉（chuck），和一些用以做涮涮鍋的薄片。回家用了幾種不同熱度的炭火去試燒肩肉，都覺得比一般的美國頂級（prime grade）的牛排較乾。我用一部分做中式牛扒，卻爽而不嫩，肉味甚佳，完全沒有膻腥味；一部分切薄片，用蛋白和油稍醃，快炒後加個蠔油芡，結果非常滿意。這種和牛肩肉，當時只售五美元一磅，與美國的頂級牛排價錢不相上下。

至於廣受歡迎的薄切和牛肉，則昂貴得多，約為牛肩肉的四倍。我燒了一鍋木魚鮮菌湯，原鍋上桌，大滾後立即關火，逐片用筷箸夾住，放入湯內一拖，蘸日本淡醬油而食，此時和牛肉片的嫩滑和甘香，真是筆墨難以形容。

可惜在2002年日本爆發了瘋牛症，一時世界各國都禁止日本牛肉進口。香港的餐室改賣美國愛達豪州蛇河牧場的極黑牛（Snake River Farms American Kobe Beef），但後來也停售一段時期。到了2007年左右，方始解禁，澳洲和牛也加入輸港，從此和牛市場便成了三分天下的局面。

現時在香港，冰鮮的和牛排肉，每100克售150元至170元不等，視乎來源和部分。最近小輩買得蛇河牧場的牛肩肉，本來是整條出售的，她們分切成100克的小塊，還真空包裝了送我。我沒有刻意在香港尋尋覓覓，我相信在肉食專門店一定找得到的。

... 蒜片爆炒和牛粒

炒和牛不能過火，否則大部分雲石紋油花溶掉，肉質變粗硬了。

材料

美國和牛肩肉	300克
即磨黑胡椒	約3/4茶匙
即磨海鹽	約1/4茶匙
頂上頭抽	2茶匙
生粉	1/4茶匙
麻油	1茶匙
蒜	3瓣
油	1湯匙
芥蘭	1,000克
油	2湯匙
鹽	1/2茶匙
薑汁	2茶匙
紹酒	2茶匙
水	約1/4杯
糖	1茶匙

... 準備

1a

1b

1c

1 將和牛肩肉的膜切去，每塊分成2條，每條切方丁，約為2.5厘米大小，置於碗內，待用。

2 蒜切薄片，約0.2厘米厚。

3a

3b

3 芥蘭將老莢撕去，切出白色的花，改去老的部分約2厘米，削去硬皮，每條修至長度相同。

4

4 下鑊前磨下黑胡椒和海鹽在和牛粒內，加入頭抽、生粉、麻油同拌勻。

46

••• 炒芥蘭法

1a

1b

1c

1d

1 置中式鑊於大火上，鑊紅時下油2湯匙和鹽1/2茶匙，放下芥蘭兜炒，加入薑汁，繼瀉下紹酒，下糖，加水約1/4杯，不停鑊動至芥蘭色呈翠綠，鑊出排在菜盤上。

••• 炒和牛法

1a

1b

1 洗淨鑊，放在中火上，鑊熱時下油1湯匙，投下蒜片，不停鑊動至蒜片微呈金黃時便移出至廚紙上瀝油。留油在鑊。

2a

2b

2c

2d

2e

2 放鑊回中火上，燒熱後加入和牛粒，排成一層，煎至一面金黃便翻面，再煎其餘各面至呈微黃，全時約需4-5分鐘，瀉下紹酒，不停鑊動，然後放入蒜片一同兜勻，移至碟上與芥蘭同上。

炒鯧魚球

鯧魚一出水即死，市上的活鯧魚都是養殖貨，肉質和食味與野生的大異其趣，故我寧可選冰鮮的。鯧魚全年有售，有分白鯧、黑鯧和銀鯧等，其中以銀鯧中的鷹鯧為最上品。

鯧魚的做法，大多為清蒸，加幾絲陳皮已很夠韻味；但現時蒸的花樣可多着了，加了豉醬、醃菜、XO醬、應有盡有，數之不盡。煎鯧魚也不錯，煎香了再用薑葱來封，有了汁液，便多加一重味道，甚至用四川辣豆瓣醬來燜也別有風味。香港流行的煙鯧魚、吉列鯧魚塊卻是中英的合流了。

唯獨炒鯧魚不常見，其實這道菜可登筵席。曾嚐過整條鯧魚起肉後，將魚頭、骨、尾原條炸脆，放在盤中，骨上放回已泡油的鯧魚球，拼回全魚，賣相驕人，做主人的與有榮焉。鯧魚肉與其他深水魚類的肉質不同，比較結實但不乾硬，上口感覺極佳。

依照先師特級校對的建議是：先將鯧魚切成方球形，用雞蛋白醃過，不要加鹽，以免出水，泡嫩油後方炒，待回鑊時把味料加在芡汁裏，若過早加鹽，魚球會變爽而不夠滑了。

... 炒鯧魚球

有時市上會有重達二公斤多
的鷹鯧出售，買一大塊約
600克的中心部分已夠用，
可省卻起骨的麻煩。又或可
加些鮮草菇同炒，看來堆頭
大些，顏色的配搭也較多采。

材料

鷹鯧魚	1條（約1,000克）
雞蛋	1個，淨用蛋白
生粉	1茶匙滿
鹽	1/8茶匙
泡油用油	3杯
薑	1小塊
葱白	4棵
長紅椒	1隻
蒜	1瓣
紹酒	2茶匙
大地魚末	1湯匙

芡汁料

清雞湯	1/4杯
魚露	2茶匙
糖	1/2茶匙
胡椒粉	少許
生粉	1茶匙
麻油	1茶匙

... 準備

1 薑切小花約12片，蒜切薄
片，葱白切欖形，紅椒切骨
牌形長方塊。

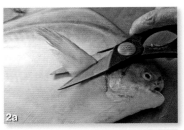

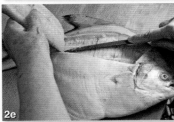

2 鯧魚起骨法：剪去魚鰭，在
魚身中央下刀，深及脊骨。
在魚頭下切一刀，在側面魚
鰭間，淺割一長紋，由魚尾
直上。用細長薄刀從割口片
入魚肉內，刀口緊向魚脊骨，
直至把魚肉起出，在尾部切
斷。同樣把其餘一半的肉起
出將魚翻過另一面，照上法
起肉，一共4塊。

3 視魚肉的大小和形狀，把魚肉切成長方塊，只求大小相若便可。

4 置魚球於碗內，加入蛋白2湯匙拌勻，包好放入冰箱內冷藏起碼1小時，使蛋液黏穩。

5 調好芡汁備用。

··· 炒法 ··················

1 置中式鑊在中大火上，鑊紅時下油3杯，是時從冰箱取出魚球，下鹽約1/8茶匙，再加生粉同拌勻，待油溫升至約為160℃時，將整碗魚球撥入油內，小心鑊動至魚球每塊分散。

2 用炸篱盛起魚球，可見到魚球尚呈半透明便要移出（因魚球仍要回鑊翻炒，若泡油太久便會過火），留油約2茶匙在鑊內。

3 次第投下薑片、葱白、蒜片、紅椒，炒一、兩遍，撥向鑊的旁邊。

4 攪勻芡汁，放入鑊內，迅速兜勻，加入魚球，一鏟一拋，潷酒，便可上碟，撒下大地魚末供食。

··· 提示 ··················

1 鯧魚的骨，可以斬件用蒜頭豆豉與豆腐同蒸，或煎香，或炸脆，不會浪費。

2 大地魚末在香港鏞記或有食緣有售。

蝦醬韭菜花炒魷魚絲

一年中的大節日，店家「做節」都有特別菜色，豐裕的出齊九大簋，就算平日初二、十六「做禡」，炒魷魚是必備的佳饌。用的魷魚都是乾的，乾魷魚品質有分高下，優等的是船家生曬，以九龍吊片為最佳。次等的是日本魷魚，後來更有用鹼發浸的，巨大而味澀，是街頭小食韭菜鴨血魷魚的主要作料。近年的車仔菜，燜魷魚五花八門，賣得火紅。

記得六十多年前，謀生艱難，在家中常有銀芽韭菜粉絲炒日本魷魚絲這道菜，總算吃到海味的味道。如今我已不須計較，可以隨心選用優質的乾魷魚，仔細品嚐魷魚的香濃鮮味。乾魷魚不一定要炒才好吃，最美是整條和五花肉同燜，魷魚惹味，煮時滿屋飄香，飯也會多吃點哩！

新鮮魷魚，有大有小，價錢可以相差很遠，食法自然大小有別。小的最方便，把皮和內臟清除後，燒開一鍋水後關火，投下魷魚汆水後瀝乾，便可用喜愛的調味料回鑊快炒，肉嫩味鮮，最宜下飯，也是寒冬吃火鍋的好材料。魷魚長度超過7-8吋的，要刻花，一炒便捲起來，爽脆可口，要加些甚麼配料，悉隨人意，就算清炒，風味奇佳。大條身厚的魷魚，切絲來炒最妙不過。

注重飲食健康的人，都會說吃魷魚無益，100克的魷魚，含有615毫克的膽固醇，是肥肉含量的40倍，是雞肉的7.7倍，是全脂奶的44倍，聽來頗驚人。其實魷魚的膽固醇，完全存在脂肪內，清除了脂肪便是高蛋白、低脂肪、低熱量的好食材，可媲美其他的海產。魷魚富含牛磺酸，有調血糖、降低膽固醇的作用，可抑制血管內血小板的積聚，能降脂和降血壓，保護視力，促進幼兒大腦發育，調節內分泌系統，增強免疫力等等功效。我們只要在食物中攝取牛磺酸與膽固醇的比值為2以上，血液中的膽固醇便不會升高，而魷魚含牛磺酸的比值為2.2，因此食用魷魚時膽固醇只是正常被人體利用而不會在血液中積聚。

我們可以常吃魷魚，但目前在菜館流行的椒鹽魷魚和酥炸魷魚，所用脆漿含油脂量頗多，利口不利腹，還是少吃為尚。

...蝦醬韭菜花炒魷魚絲

如想經濟一些，可選購中型的鮮魷。調味料也可自由採用，各適其適。

1 韭菜花摘去老的部分約2-3厘米，將纖維撕去，切去有花的一頭約2厘米，其餘切4厘米長段。

2 長紅椒去籽，先切4厘米段，再直切為3毫米的幼絲。

3 魷魚只用魚身，鬚可留作別用。撕去紅色薄膜，抽出肚內透明軟骨，撕去兩翼，拉出腔腹內半透明脂肪，從尾部起，將魷魚直剪為兩半，攤開魷魚，便見更多的脂肪，除去後用鹽擦洗，在水下沖淨。兩翼亦如法洗淨。

材料
新鮮魷魚 ....2隻（約800克）
油2茶匙 +2湯匙
韭菜花................................300克
鹽 1/4茶匙
長紅椒...................................2隻
蒜 ....2瓣，切絲
優質本地蝦醬....................2湯匙
糖 1茶匙滿

4a

4b

4 置魷魚於砧板上，面向下，橫切為6-7厘米寬的段，再直切為4毫米幼絲，兩翼亦切幼絲。

5a

5b

5 置一鍋水於大火上，燒至水開時立即關火，投下魷魚絲，用疏箕一撈便移出，瀝水後放在潔淨毛巾上吸乾水分待用。

••• 炒法

1

1 置中式鑊於大火上，鑊熱時下油2茶匙，加入韭菜花，快速鏟動，下些許鹽後移出。

2a

2b

2c

2d

2e

2f

2 洗淨鑊，放回中小火上，下油2湯匙，先加入蝦醬和糖，鏟至糖溶後方下蒜絲一同鏟勻，是時投下魷魚絲，改用大火，不停鏟動至魷魚沾滿蝦醬，跟着加入韭菜花和紅椒絲一同兜勻，不用勾芡便可上碟。

••• 提示

炒蝦醬時切不可用大火，容易燒焦，最好是用中小火，鏟至糖溶時加入魷魚後，方可將火力增為大火，快炒數下便可上碟。

乾炒如翅

中國傳統飲食文化中，有所謂「珍饈百味」，以鮑、參、肚、翅為主，尤以魚翅在筵席中不可或缺。魚翅是從巨大的鯊魚割下來的鰭，不同部分的鰭，所含的翅針的質素和多寡都有分別，稱謂也不同，價格亦因之而異。

我久已不買魚翅，也不會在家外點吃魚翅。我倒是很喜歡用仿翅，絕對不是因為難捨魚翅而要找代用品，而是當正它是一種新興的好食材。仿翅的原材料大部分是膠原蛋白質、明膠和褐藻酸鈉，營養豐富，比真魚翅含更多的鈣質和灰分，熱量也較天然魚翅略低。香港許多酒家，早已懂得在魚翅湯內摻進些仿翅以降低成本。順便一提：素菜館用的所謂素翅，因不能採用動物性的作料，是另一種東西，質感只是似粉絲，絕不似仿翅。

我稱仿翅為「如翅」，平日最喜歡用珧柱、雞蛋、芽菜同炒，有時會加入蟹肉，確是宴客的好菜。除此之外，我曾介紹過好幾道如翅的菜式，最受家人和朋友欣賞的是用如翅和魚翅瓜絲一同放在以魚翅瓜為盛器的雙如翅燉湯，又或做雞絲如翅羹、碗仔如翅等等。有時我還會在酸辣湯內放一把如翅，引入不同的口感。

偶然想起還未試過做乾撈的如翅，便以乾炒方法完成之。如翅加上爽口的冬筍和木耳，咬口脆中帶韌，別有風味，很值得向大家推薦哩！

... 乾炒如翅

如翅所費無幾,貴在珧柱和蟹肉,如想經濟些,用素料去炒也一樣有趣。

材料
如翅餅.....................................2個
油3湯匙+1茶匙
花蟹 1隻,約225克
冬菇 6隻
大碎貝(珧柱)........................30克
紹酒 1茶匙
薑..1片
白背木耳..................................45克
冬筍或竹筍........................1小個
銀芽 1杯
鹽.. 少許
紅蘿蔔..............1段,約5厘米長
葱白 4棵
蒜..1瓣

調味料
胡椒粉............................1/8茶匙
生抽 2茶匙
鹽....................................1/4茶匙
麻油 1茶匙

... 準備

1 花蟹蒸熟拆肉。

2 珧柱置碗內用熱水浸過面至軟,加入薑片和紹酒,中火蒸40分鐘。撕成細絲。

3 冬菇沖淨,加水浸軟,去蒂,每隻橫片3片,再切0.2厘米寬的細絲。

4 木耳浸發後去蒂,切(5×0.2)厘米細絲。

5 筍肉汆水後亦切0.2厘米寬條子。

6 紅蘿蔔、葱白切(5×0.2)厘米細絲,銀芽分兩截。

7 如翅浸30分鐘至軟後,放入中鍋內大火汆水4分鐘,倒入疏箕內瀝乾水分。

••• 乾炒法

1 白鑊烘乾冬筍絲。

2 芽菜用1茶匙油及些許鹽快炒一過即鏟出。

3 木耳先在白鑊內烘乾後鏟出。

4 置中式易潔鑊在中大火上，下油1湯匙爆香蒜塊，加入如翅炒透，倒下挑柱汁，煮至汁液收乾方下挑柱絲，用筷箸挑勻，沿鑊邊淋下一圈油，約為1湯匙，繼下木耳絲、紅蘿蔔絲、冬菇絲和筍絲，再沿鑊邊下油1圈，不停以木杓和筷箸邊炒邊挑散，下調味料，加入銀芽、葱絲，最後下蟹肉與鑊內所有材料同拌勻，上碟。

••• 提示

西環各大海味店均有仿翅出售，我用的是購自安記。

59

泮水芹香

猶憶上世紀八十年代初，九龍翠亨村大廚許沛榮，有四大名菜：「紗窗艷影」是蟹黃扒海虎翅瓤竹笙；「江南酥腿」是切成指甲片的蝦肉、雞肉、白菌、竹筍、火腿，馬蹄等材料，炒好後用網油包着像雞腿，炸香而成；「萬紫千紅」是火鴨絲、海蜇絲加上編排整齊的多種水果絲，席上拌勻；「泮水芹香」則是素菜，以榆耳、黃耳，炒多種的蔬菜，主要有蓮藕、蓮子，芹菜，青紅黃椒；因為蓮藕和蓮子屬廣州泮塘五秀之一，大概便以泮塘的泮，加上芹字稱之為「泮水芹香」。

當年我和外子都在香港的《飲食世界》供稿，每逢周年紀念，雜誌社必設宴慶祝，曾在翠亨村與各同文一起品嘗到許沛榮的四大名菜，印象殊深。及許沛榮移民美國，在灣區的香滿樓主廚，我們也曾吃到他的「泮水芹香」；聽説許沛榮現在中國大陸發展，從事飲食事業的顧問工作，甚少下廚了。

雜誌總編希望我能做一道全蔬菜的食譜以饗素食的讀者。使我想起「泮水芹香」，略加改良後便交卷了。我本無意用蒜頭起鑊，但大師姐認為蒜片甚合榆耳和黃耳，可以去除乾菌的氣味，我便從善如流。茹淨素的人，單用薑片便可。本來我應加入泮塘五秀之二的馬蹄，但我覺得馬蹄的口感太爽硬，味又太甜，寧可代以鮮淮山，顏色更白淨。淮山容易氧化起鏽，去皮切片之後要立即浸在水裏，到用前以布拭乾為要。蓮藕亦然。

五月的蓮藕不似新藕爽，藕孔也大，我選最後一節，從中切開，清洗後修理一下，切約3毫米厚，炒起來頗爽甜，給這道素菜生色不少。主角唐芹，在五月杪已是過時之物，就算多麼小心去葉撕筋，切段，快炒後仍嫌不夠清脆。蓮子也是乾貨煮軟的，當然與鮮蓮相去極遠。

不是買齊所需材料便可如願炒出好菜。常説不時不食，這道菜所用的蔬菜種類這麼多，除了榆耳和黃耳需預先煨入味，其餘的都要依各自的性質而定下鑊先後，很容易顧此失彼。

...泮水芹香

做這道菜最合時宜是六、七月之間，蓮藕最嫩，新蓮子出世，竹筍也鮮嫩無渣，全部蔬菜合炒，胃口大開。免去了蒜片，便成淨素了。

材料

材料	
乾榆耳	35克
乾黃耳	30克
乾蓮子	20克
薑	15克，切小片
紹酒	1茶匙
油	2湯匙
水 1/2杯 + 1/4杯	
菇素 1/2茶匙 + 1/4茶匙	
蓮藕	1節，325克
去皮竹筍	250克
鮮淮山	1/2條，約25厘米長
蜜糖豆	10條
唐芹菜	4大棵
鮮百合	2大顆
青、紅長椒	各2隻
黃甜椒	1/2個
鹽	1/2茶匙，分數次下
糖	1/2茶匙
麻油	1/2茶匙

...準備

1 乾蓮子用冷水發浸後，用大火煮至軟而不爛，約5-7分鐘，去芯。

2 蓮藕刨皮，切去節，直切為兩半，再切為3毫米厚的塊，即浸在一碗清水中。

3 榆耳浸發後在開水內以大火煮10分鐘，用小刀片去底部黑色雜質，斜片成小塊，約為二元硬幣大小。黃耳亦如法浸發，片去底部硬塊，分撕成小塊，亦如榆耳大小。

4 竹筍去硬皮，切片後汆水，再切成3毫米厚的角形。

5 青、紅、黃椒俱斜切為小塊。

6 蜜糖豆撕筋，每條斜切為兩半。

7 鮮白合揀出大片的，修去黑點。

8 鮮淮山刨去皮，斜切為4毫米厚片，即浸在一碗清水內，用前瀝水，以廚紙吸乾水分。

9 唐芹切去頭和根，摘葉撕筋，切6厘米長。

••• 炒法

1 置鑊於中大火上，下油2湯匙，投下薑片，快速加入榆耳，濽酒，不停鏟動，加水1/2杯和菇素1/2茶匙，鏟勻後下黃耳，再加水1/4杯同煨。

2 繼續加入蓮藕、蓮子、蜜糖豆、竹筍、淮山一同炒勻。加入三色椒和芹菜，鏟勻後加入百合，再加水約1/4杯，下菇素1/4茶匙、鹽、糖同炒勻。

3 最後下麻油少許，鏟勻上碟。

••• 提示

1 本菜以爽口為主，故需快炒，一氣呵成，因有根瘤蔬菜，要不時加水。
2 蓮藕和淮山切後要即浸水，以防氧化起鏽。
3 香港街市上所售的唐芹有分白梗和青梗兩種，俱可用，以肥嫩者為佳。

63

夜香花櫻花蝦炒蛋

夏天食用花陸續登場，夜香花最為普遍。夜香花原產南美，為攀藤植物，別名月見草，是以新鮮花蕾供食用的一種蔬菜；帶淡淡的幽香，味甘性平，可清肝明目，更可辟除口腔不良氣味。民間習俗，多用夜香花滾湯，或用來炒蛋，做出應時的家常菜。盛夏鮮蓮亦上市，酒家趁機推出名貴的鮮蓮冬瓜盅，撒上一把夜香花，身價頓增。

夜香花而外，薑花、玉簪花，都構成清香脫俗的花饌。今天在香港高級超市，有空運而來的食用小花，整籃出售，瘦身一族，撒幾朵食用小花在舶來的沙律嫩葉菜上，又算一餐。

深秋大白菊可以入饌；菊花魚球粥、菊花魚雲羹、菊花鯪魚球都是大眾食品，惟獨馳名的太史蛇羹，就不能缺少幾瓣白菊花和幼似青絲的檸檬葉。昔日馳譽廣州的四大酒家名菜中，江南百花雞的伴碟便是幾瓣大白菊。

有些非常普遍而市上難求的花，諸如南瓜花、節瓜花都可食用。南瓜花和南瓜嫩葉，撕淨花上和葉莖的絨毛後，加少許瘦肉滾湯，清甜適口。有一年我在香港住所的露台上試種日本南瓜，瓜藤爬得遍地，可惜只有雄花而無雌花，不能結果。我那時每天都可採一大掬瓜花，再折些瓜苗，清炒或放在湯中俱宜。

日本人很會利用櫻花，櫻花糖、櫻花漬，都是名產。但在東京灣、相模灣和駿河灣的水域，盛產一種細小身窄的蝦，活時呈透明粉紅色，在海中大群發亮的身體很像落英繽紛的櫻花瓣，故有櫻花蝦之稱。在台灣的東港，也產櫻花蝦。近年在香港出售台灣食品的店子，都可找到這種細小美觀的櫻花蝦。

我愛下廚，更愛利用不同食材，自行配搭。既然說花了，便把夜香花和櫻花蝦混在一起炒蛋，但卻矯枉過正，用了最名貴的意大利蛋，結果因為蛋黃太紅，與櫻花蝦的顏色太相近，成品反而顯不出個別的食材，以致心中快快然，但入口便知分曉，確比其他的雞蛋甘美。

其實我這樣子做菜，除了教人，也得自娛。原來用料也要留心觀察，不是用最貴的便是最好，假如把意大利蛋換上美國蛋，視覺效果會全然改觀，夜香花、櫻花蝦和雞蛋的顏色都能分別清楚，好看得多了。

炒這道蛋菜，有些竅門，夜香花在炒好櫻花蝦和蛋以後方好撒下，否則質感和顏色都混雜了。

... 準備 ...

1a

3a

1b

3b

1c

3c

1 碗內加水大半滿，加鹽1/2茶匙拌勻，放入夜香花浸10分鐘，瀝去水分，挑出比較成熟的，摘去底部花蕊，只留花瓣，用廚紙吸乾，約得1杯。

3d

材料

夜香花.............................160克
鹽1/2茶匙＋水1大碗
雞蛋.....................................5個
油2茶匙＋4湯匙
鹽.................................1/4茶匙
櫻花蝦乾.........................30克
蔥白.....................................2棵
薑...2片

2

2 蔥白和薑片俱切小粒。

3 雞蛋逐隻打在碗內，挑去白色孕帶，加入鹽1/4茶匙和油2茶匙一同拂打均勻。

••• 炒法

4a

4b

4 置中式易潔鑊在中大火上，
鑊紅時下油1湯匙，爆香薑
粒，稍炒櫻花蝦便移出。

5

5 櫻花蝦擱涼片時方可與葱白
一同加入蛋液內。

1a

1b

1c

1d

1 置中式易潔鑊於中火上，鑊
紅時下油3湯匙，將蛋液全部
倒下鑊內，開始鏟動，讓先
凝固的部分鏟向鑊邊，未凝
固的部分留在中央，如此繼
續不停鏟動，直至雞蛋八成
熟。

2a

2b

2 是時撒入夜香花，用筷箸挑
散至蛋全熟夜香花分佈均勻
便可上碟供食。

••• 提示

炒蛋本來要炒得滑嫩才可
口，但為衛生起見，只好炒
至全熟，實是美中不足。

花蛤拼玉子豆腐

在香港一般的超級市場中，放置盒裝豆腐的地方，常見有一筒一筒的玉子豆腐，也曾買過一次，吃時覺得有點澀味，我怕它有防腐劑或者甚麼的，以後再沒有買過。直至在三藩市嚐到大廚衛志華自製的玉子豆腐，纔對這種食品改觀。後來我跟着他的食譜《百色百味》在家動起手來，可是一份玉子豆腐，要用十個雞蛋，就算將分量折半，兩個老人，吃光了這盤玉子豆腐，對身體也不太有益吧！

很奇怪，市上玉子豆腐的包裝，總不見有標籤或說明。我一向對不明來歷的食物，認為少吃為尚，自製又擔心吃下過多的雞蛋。所以自有玉子豆腐以來，都不曾認真地把它當作一種家常的作料去使用。摯友黃惠華的妹妹，家人在泰國開設豆品廠，產品質素極高，我也叨惠華的光，時常得到餽贈；玉子豆腐是其中雋品之一。惠華說，他們的產品沒有下添加劑，可以放心食用。

我覺得可用去殼的花蛤肉去燒玉子豆腐，這樣一來可以避免蛤殼會割碎吹彈得破的豆腐，也可用清淡一些的調味料去煮。

連殼的花蛤，體積大，做一道菜，通常十二兩已夠用，去殼取肉，卻起碼要二斤多。為了使花蛤和玉子豆腐相容，去殼是必需的了。「生開」是十分困難的，所以只能煮至蛤殼一張開便要移出，否則蛤肉煮過火、肉變老韌了。原汁留起來，用作勾芡，與煎香的玉子豆腐相配，果是相得益彰。

...花蛤拼玉子豆腐

這道菜饌色彩繽紛，味道複雜，質感軟硬相拼，頗為特別，除了花蛤去殼比較麻煩之外，其他工序都很簡單。泰國玉子豆腐在泰國食品店有售，日式超市也有從日本運來的，至於來自其他產地的，因個人少用，未敢冒昧介紹。

材料
活花蛤..............................1,500克
油1湯匙＋2湯匙
泰國玉子豆腐.......................3筒
乾葱.....................................2顆
蒜...2瓣
紹酒.....................................2茶匙
紅椒.....................................1隻
唐芹菜.................................2棵

調味料
豆瓣醬.................................1茶匙
糖...1茶匙
魚露.....................................1茶匙
麻油.....................................2茶匙

芡汁料
花蛤汁.................................1/2杯
生粉.....................................1茶匙
水...1/4杯

... 準備

1 花蛤買回家後，放在疏箕內，置於水下沖淨多次以去鹽味，然後放進大碗內，加水過面，置於冰箱內，用前瀝去水分。

2a

2b

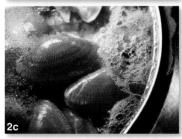

2c

2d

2e

2 置中式鑊於大火上，鑊紅時倒下花蛤，蓋起，不久便見花蛤煮至起泡，並有汁液溢出，多煮些時至蛤殼張開便可移出。去殼留肉，盛於碗中，用前瀝出蛤汁，留作芡汁用。

3

3 乾葱、蒜瓣切小粒，紅椒切絲，唐芹菜亦切小粒。

••• 拼法

3 以花蛤汁、水、生粉調成芡汁，倒下花蛤內勾芡，然後加入芹菜粒和紅椒絲，下麻油包尾，將蛤肉倒在玉子豆腐上，趁熱供食。

1 小心解出玉子豆腐，每條切出1厘米厚的圓塊。下1湯匙油在易潔鑊內，加入玉子豆腐塊，中火煎一面至金黃便翻面，再煎另一面至金黃，便移出排在有邊的平碟上。

2 在同一鑊內，下油2湯匙，加入乾葱茸炒至色呈半透明，繼下蒜茸和豆瓣醬同炒，放下花蛤肉，炒至汁液行將收乾，灒酒，加入糖和魚露。

••• 提示

1 因為玉子豆腐在烹調的過程中，與花蛤並未同煮，而是先煎香玉子豆腐，排好在碟上，方煮花蛤鋪在上面，所以只能說是「拼」法。

2 花蛤本身帶鹽味，煮出來的汁液頗鹹，所以不用下鹽，試味時請依個人喜好，酌量加鹽。

蟹肉雞蛋炒粉絲

那些年，我們常常到元朗。

自從得吳瑞卿大力推薦，我和一群中文大學的食友，不嫌路途跋涉，多時會聯袂到元朗的大榮華酒家吃客家圍村菜。

我們只為要吃梁文韜老友耀波的魚塘所養的大淡水魚。除了為吃魚，韜哥也有不少拿手菜式，值得我們專程前往。每次的菜單，都是大同小異，似乎大家總是吃不厭，訂位的時候便連菜單也安排好了；必點的菜式有冰肉燒鳳肝、杜仲燉龍骨湯、銅盤蒸走地雞、豆醬燒米鴨、鳳凰蟹肉炒長遠，蝦醬蒸豬板筋等等。

到了2004年，耀波的魚塘被收回了，吃大條優質的淡水魚也得告一段落。後來韜哥在市區開了分店，一身不能兼顧。香港又經歷了禽流感，兩次殺雞，政府禁止本地飼養禽鳥，大榮華已無走地活雞及活米鴨供應，我們興致大減。加以我自2005年後有背患，行動不便，到元朗大榮華要爬好幾級樓梯，自此絕迹。如今偶然會想起那些年的圍村菜，很有感觸。

那些年大榮華給我的飲啖回憶，日漸淡忘。反正大魚大肉一向都不是我家的主打食材，雖然我偶然會做「炒長遠」，但自從我教曉傭人蘭美後，我再不用親自掌杓，用料也因身體情況而減去了蟹肉，代以珧柱絲，勝在清淡少油，這點只有在家廚內方能做到。大榮華的正版是用蛋黃來炒，我不獨用少了蛋，還多減去一個蛋黃。調味方面，因有菇素，連雞粉也免去了。

據說早幾十年，新界有一部分的年青客家人，為謀更好的出路，選擇了漂洋過海，家人餞別時桌上必備一道炒長遠；長遠就是粉絲，寓久久長長，兩地情牽萬里之意。

計算起來，十年人事幾番新，到了今日的年紀，我身體的抵抗力自然與日俱減，飲食十分小心。到外面吃飯，總不若在家清茶淡飯好。市上反正買到很好的海魚，也有本地種植的各種時蔬，不用受外面花花飲食世界的引誘。

在我來説，炒長遠不算是情牽萬里，畢竟也帶來隔了多年的美好回憶。

蟹肉雞蛋炒粉絲

蟹可選青蟹，比紅蟹便宜，粉絲用泰國粉絲最保險，不易斷。蒸蟹、浸粉絲可以同步進行，省去準備時間。

材料
藍蟹或紅花蟹.......1隻（約300克）
泰國粉絲...............2包，共40克
銀芽.....................................175克
鹽.. 少許
韭黃.......................................75克
雞蛋...3個
清雞湯1/2杯＋鹽1/4茶匙
油2湯匙＋1茶匙

蟹肉調味料
麻油...................................1茶匙
胡椒粉............................... 少許
糖.....................................1/4茶匙

...準備

1 藍蟹蒸10分鐘至熟後，攤涼後拆出蟹肉，置小碗內，加入調味料拌勻。

2 銀芽分兩段，韭黃撕去老莢，切3厘米段。

3 粉絲以冷水浸軟，瀝乾水分。小鍋置於中大火上，加入雞湯和鹽，煮至湯滾，關火，加入粉絲，蓋起，待雞湯盡行為粉絲吸收後，用剪刀剪成3段。

4a

4b

4 雞蛋先打兩個在碗內，下第三個時可棄去一個蛋黃（隨意），一同打勻，然後加入粉絲，同拌勻。

••• 炒法

1a

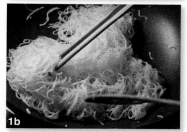
1b

1c

1 置中式易潔鑊在中大火上，鑊紅時下油1茶匙，加鹽少許，炒芽菜至七成熟便鏟出。揩淨鑊，置回火上，下油2湯匙，加入粉絲，用筷箸抖散，下些少菇素（如選用）邊抖邊鏟，炒至蛋熟。

2a

2b

2c

2 加入銀芽和韭黃，抖勻後繼下蟹肉，一同兜勻至全部混合均勻，便可上碟供食。

••• 提示

1 菇素不含味精，在日式超級市場或台灣食品公司有售，可用可不用，悉隨人意。如對味精不敏感，可代以雞粉。

2 本食譜所用罐頭清雞湯和青蟹，都含有鹽分，所以用鹽較少，請讀者自行調校。

75

生菜包蝦鬆

炒「鬆」是我的看家本領，因為出自飲食世家，自小吃慣了精緻的美食，入廚後更隨心所欲，不論精粗，都親力親為。把物料切鬆，也有不同層次：蠔豉鬆、鴿鬆、鵪鶉鬆宜精細，雞鬆、肉鬆切較大，蝦鬆則要更大，至於鬆以外的炒粒粒，起碼要有黃豆那麼大了。

在網上看到不同版本的「蝦鬆」烹調示範，有人加入三色椒粒，有人加入切碎的生菜老莢，更有人特地放進捏碎炸香的油條，不一而足。如果閣下想炒簡單的蝦鬆，直接了當加些爽口的配料也會別有風味。但我們還得從主要材料說起，蝦要是不新鮮，那便徒勞無功了。還有，蝦不能太小，肉質不夠結實；也不能太大，肉質會粗糙。活的中海蝦最適宜。當然，能找到活河蝦，一隻分為兩段，那就最理想不過。為了增加不同的口感，我特意以2：1的比例分炒生蝦和熟蝦，前者嫩滑，後者爽脆，整道菜餚都是真材實料、仔細思量的結果。

「蝦鬆」除了色彩繽紛，口感也複雜有致，配上炸粉仔，咬下去更有些細碎的聲音，賞心悅耳，而且勝在手續並不太麻煩，用生菜包着來吃，另有妙趣，可惜近年遵醫囑要戒清所有貝殼類海產，我自己只能望梅止渴了。

... 生菜包蝦鬆

生菜可選用包心生菜或縐葉唐生菜，剪成杯形或原片使用俱可。但務要清洗乾淨，浸在冰開水內，用前以潔淨毛巾吸乾水分，才能合衛生和脆口。

材料

中海蝦	900克
洗蝦用鹽	1茶匙
炮蝦用油	1杯
冬菇	3隻
馬蹄	6顆
唐芹	2棵
紅椒	1隻
薑	2片
蒜	1瓣
葱白	2棵
松子仁	25克
米粉	10克
唐生菜	2棵
紹酒	1/2湯匙

蝦肉調味料

蛋白	3茶匙
鹽	1/2茶匙
胡椒粉	1/8茶匙
魚露	2茶匙
生粉	2茶匙
麻油	1茶匙

... 準備

1a

1b

2c

2d

2a

2b

3a

1 將蝦以2：1的比例分為兩份，以大火煮300克蝦至熟，移出以水沖冷，挑去黑腸，放在水下沖淨排在潔淨毛巾上吸乾水分，切成黃豆大的小粒，放入冰箱冷藏待用。

2 餘下的蝦去殼，切開背部，挑出黑腸，以鹽1茶匙抓洗後，在水下沖淨，稍加瀝水便排在潔淨毛巾上，捲起放進冰箱內冷藏起碼2小時。移出。每隻蝦切成比小指甲稍大的粒，放在大碗中，先下蛋白1茶匙，以筷箸拌勻後，逐匙加入，每加一匙，先行拌勻方可再下第二匙，共下三匙。繼下鹽、生粉、胡椒粉、魚露和麻油，一同拌勻。

••• 炒法

1 中式鑊內下油1杯，加入松子仁，開始小火加熱，見有泡沫浮起便以鑊鏟不停兜炒，至松子色變微黃便移出瀝油。

2a

2b

2 加熱為大火，投米粉下油，即見爆開發大，立刻反面再炸至不再發起便移出。

3

3 停火。清除油中雜物後，加熱至中大火，加入蝦粒過油，以筷箸挑散後，移出瀝油。

4a

4b

4c

4 同一鑊內，下炸過的油1湯匙，加入冬菇粒炒透，下馬蹄粒同炒，再下薑粒和蒜粒，是時倒下兩種蝦粒、唐芹、葱白和紅椒粒，炒勻，濺酒，炒勻至鬆散，至全部材料分開，多炒數過、試鹽味，便可鏟出至墊有炸米粉的長盤上，撒上松子，旁伴生菜，便可供食。

••• 提示

若嫌松子仁價貴，可代以炒花生碎。

3b

3 冬菇浸軟去蒂，先切條，後切約3毫米方丁。馬蹄去皮後亦切如粒如冬菇大小。

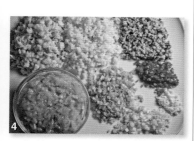
4

4 唐芹、葱白、薑片、紅椒和蒜俱切小粒。

5

5 生菜洗淨，只取嫩葉，浸在一大碗冰水內，用前以毛巾吸乾水分。

79

合菜戴帽

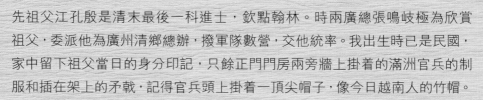

先祖父江孔殷是清末最後一科進士，欽點翰林。時兩廣總張鳴岐極為欣賞祖父，委派他為廣州清鄉總辦，撥軍隊數營，交他統率。我出生時已是民國，家中留下祖父當日的身分印記，只餘正門門房兩旁牆上掛着的滿洲官兵的制服和插在架上的矛戟，記得官兵頭上掛着一頂尖帽子，像今日越南人的竹帽。

到了新年前，家中照例會「請真」，就是把先人的照片請出來，掛在神廳的牆上，這些「真」中的先人，有些是「拖翎戴頂」，花翎是拖在背後的，戴的那頂帽子，又是另一景象，圓圓的，在中央有條豎起來的東西，聽說是代表戴帽人的身分。

帽子屬孩提時代的記憶。廣州天氣寒冷時，平日在家中，祖母們都戴着呢絨做的帽子，老家僕會帶個「包頭」。我們小孩子不怕冷，都不戴帽。抗戰時期到了粵北，方才知道冬天沒有帽子的苦處：原來耳朵會生凍瘡。

我在1963年赴美留學，入讀的是一家在新澤西州的私立大學。那時美東民風尚屬保守，女生若穿褲子便不能進圖書館，星期天的崇拜，一定要戴上帽子方能入教堂。那時總統夫人積奇蓮甘迺迪，愛戴一款盒形的帽子，全國上下傚尤，我也弄了一頂來戴。

上世紀60年代的美東，中餐仍停留在「土生菜」的階段，小店子賣的多是咕嚕肉、春卷之類。到70年代末期，美國放寬移民條例，大量香港和外地的廚子進入美國，形成了中國不同飲食派系與傳統的土生菜合流，在一家菜館內便可嚐到不同菜系的菜饌。以前老外只知有炒雜碎的，都會嘗試外省的炒合菜，炒合菜面上加一頂帽子的，便是「合菜戴帽」了。

這頂帽子，很受老外歡迎。帽子下面的炒雜菜，也比以前的炒雜碎有趣得多了。捨炒雜碎而就炒合菜，未為無因：合菜的結構多樣，起碼有六七種，戴上了煎蛋做的帽子，有點神秘感，店家又會隨菜附送一碟單餅，讓客人可以自行拼合。外國人最喜歡海鮮醬，把餅塗得滿滿的，包起合菜來過足DIY的心頭好。

天氣炎熱，我較喜歡素食，炒一盤合時、合心意、合口味的素菜，料子可精可簡，不必因循計較何者為正宗，只求投合個人喜好和方便，自由配合。但頭上戴的帽子，把素菜變成半素，在桌上把帽子分開來，露出底蘊，有時真的像尋幽探秘呢！

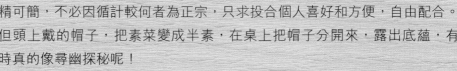

... 合菜戴帽

材料
乾松茸菌 25克
自然乾燥金針菜 40克
野生木耳 30克
日本花菇 3隻
鮮冬菇 100克
茭白 2條
韭菜花 150克
豆腐乾 2片
泰國原色粉絲 20克
清雞湯 1/4杯
魚露 2茶匙
青、紅椒 各1隻
蒜 2瓣
美國或日本雞蛋 2個
油 ....3湯匙（或多些）

調味料
鹽 約1/2茶匙
糖、麻油 各2茶匙
菇素 1茶匙

芡汁料
生粉1茶匙＋浸花菇汁1/4杯

... 準備

1 乾松茸以溫水1/2杯浸至發大，隨松茸的形狀切不規則的粗絲，留浸菌汁。

2 花菇以水1/4杯浸軟，先切薄片，後切幼絲，約0.3厘米寬。

3 鮮冬菇以小掃掃淨，放在玻璃碗內，入微波爐大火加熱1分鐘，移出切0.3厘米寬條子。

4 金針菜洗淨浸軟，去硬蒂，每條打結，瀝乾水留用。

5 野生木耳浸軟後剪去蒂，瀝乾水。

6 茭白去皮，先切約6厘米段，再切0.4厘米厚片，然後切0.3厘米寬條。

7 韭菜花去頭尾，摘成6厘米長的段。

8 豆腐乾先平片薄片，再切0.3厘米寬幼絲。

9 泰國粉絲浸軟，分切為3段，以雞湯1/4杯煮軟，加入魚露調味，移出瀝去多餘汁液。

10 青、紅椒俱切幼絲，蒜瓣切絲。雞蛋打散待用。

••• 炒法

1 置中式易潔鑊於中大火上，鑊熱時下黑木耳，白鑊（不下油）烘乾水分，不停兜炒，至卜卜有聲時便移出。

2 加金針菜入鑊，烘乾後倒下一半浸松茸菌汁，煮至汁乾便移出。

3 茭白在白鑊內烘乾後移出。

4 拭淨鑊，下油2茶匙炒軟韭菜花，加些許鹽糖調味。鏟出。

5 松茸先用白鑊烘乾後，加入餘下一半浸菌汁，下約2茶匙油炒勻，加入蒜絲爆香。

6 繼下豆腐乾絲、花菇絲和鮮冬菇絲，再加約1湯匙油，並將黑木耳和茭白回鑊，是時加入金針菜和粉絲，下麻油和菇素（如用），調勻生粉和浸花菇汁勾芡，不停鏟動使各類素菜分配均勻，最後下青、紅椒和韭菜花，全部兜勻，試味後鏟出至平碟上，堆成小山樣。

7 洗淨鑊，放回中火上，下油2茶匙，倒下蛋液，搪勻鑊面成一圓形，煎至蛋液全熟便可鏟出蓋在合菜上。

••• 提示

1 合菜的配搭因人而異，完全沒有定規，只求合個人的口味就是了。

2 我選松茸，因為手頭已有，讀者不必刻意去找，可代以乾草菇。

3 松茸，不經硫黃燻製，原條烘乾的金針菜和野生黑木耳在上環聯記號有售。

4 菇素是從冬菇提煉出來的調味品，含天然麩酸，在永安公司食品部有售。

83

上素菜包

自認是菌癡，曾花去數年時間和心力，出版了一套兩本的《情迷野菌香》和《培養菌佳餚》的書後，對菌類的熱愛程度漸減，再加上拯我出苦海的針灸師不停告誡，說菇菌性濕毒，不宜多吃，致歷年積下來的乾菌，一動不動的放在冰箱內。想到不久要搬家，再不能享受現時地方寬敞的「奢侈」生活，便逐一拿出來檢視，覺得非及早使用不可，免去將來處理的麻煩。

着印傭到街市買麵筋，但買回來的卻是生筋。錯有錯着，便乘機做個上素菜包了。我不經意地選了幾種口感獨特的乾野生菌，再加些配料，煮成五色繽紛的餡料，從兩包大白菜中挑出大塊的，用開水燙軟了，把餡子包起來，蒸熱後加個菌汁芡上碟，清淡怡人，吃到停不了口。

我注重原材料的真味，燒菜時通常不會輕易加入增味劑，但做素菜時偶然加半小匙的菇粉，味道立即提升。其實素菜常用的菇菌，尤其是野菌的乾燥體，本身已含有天然的麩酸，若與鮮菌同煮，更有提味的功能。素菜之王的「鼎湖上素」，所用的三菇六耳，其中木耳、雪耳、黃耳、榆耳、石耳、桂耳只有質感而無味，還須草菇、冬菇和口蘑的扶持。

我的大白菜包，全用素料，大白菜味道溫和，沒有椰菜強勁攻鼻的氣味，餡料集合多種菇菌，味道相交融，口感複雜，與粗豪全肉的椰菜包相比，顯有天淵之別。我十分欣賞親手做出來的大白菜包，但如此張羅，讀者會不會覺得這是「見身郁唔見米白」，雷公打雞蛋，徒勞無功似的，彷彿有莎士比亞名劇 "Much Ado about Nothing" 的情境呢？

材料

高麗大白菜	2大包
黃耳	25克
榆耳	30克
松茸	15克
竹笙	6條
髮菜	少許
洗髮菜用油	2茶匙
鮮冬菇	6隻
白果	15粒
生筋	4個
甜豆	300克
紅蘿蔔	1段（約5厘米長）
清雞湯	1杯
麻油1茶匙＋1/2茶匙	
蒜	1瓣，切片
油	3湯匙
紹酒	2茶匙
頤和園頭抽	2湯匙
鹽	約1/4茶匙（或多些）
糖	1茶匙（分兩次用）
菇粉	1/2茶匙（隨意）
生粉1茶匙滿＋水3湯匙	
生抽	1茶匙

... 上素菜包

... 準備

1 黃耳浸軟，沖淨後去蒂，氽水撕成小塊。

2 榆耳浸至發大片去蒂，以小刀刮去黑色的硬蒂，斜切為小片，中火煮約30分鐘至軟。

3 松茸在水下稍沖，以1杯溫水浸至身軟出香味，先切成4毫米寬的絲，再切1.5厘米長段。留浸水。

4a

4b

4c

4d

4e

4 竹笙浸軟，以鹽抓洗，去末尾，剪開後如見有雜物便應清除，再用鹽清洗內面的潺，氽水，擠乾，先直切為兩半，再切為約6毫米寬的小塊。

5 鮮冬菇掃淨，切1/2厘米寬、6厘米長的小塊。

6

6 白果以中火煮10分鐘，去殼開邊，把苦的芯挑出，每半直分切成小條。

7 生筋氽水，沖淨油分，擠乾，切（3 x 0.5)厘米小塊。

8 紅蘿蔔切小片，與竹笙同一大小。甜豆取豆仁約得1/2杯。

9

9 髮菜放在碗內浸發後，加入約2茶匙油，用手擠出雜質，剪爛成小段。

••• 餡料煮法 ••••••••••

1 易潔鑊置中火上，下油3湯匙爆香蒜片，先加入榆耳和松茸，下少許鹽調味，一同炒勻。繼下黃耳，灒下紹酒，放入竹笙、生筋、冬菇，不停鏟動至均勻分佈，下白果、甜豆、紅蘿蔔一起炒勻。

2 加入頭抽2湯匙和糖，鏟勻後下髮菜，倒下雞湯，如用菇素可於是時加入，煮至雞湯為作料吸收，下些麻油試味後便可鏟出。

••• 菜包做法 ••••••••••

1 大白菜選出中間嫩莢，約需24片，在大鍋內煮至半透明但不太軟。

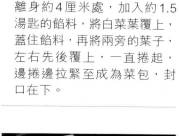

2 放一片白菜葉在平碟上，在離身約4厘米處，加入約1.5湯匙的餡料，將白菜葉覆上，蓋住餡料，再將兩旁的葉子，左右先後覆上，一直捲起，邊捲邊拉緊至成為菜包，封口在下。

3 分兩批放入鑊內，大火蒸5分鐘。

4 小鍋內放下松茸汁，中火燒開後加入生抽，少許糖、鹽，調勻生粉水勾芡，試味後加麻油，淋在菜包上供食。

••• 提示 ••••••••••

1 如無松茸，可代以乾草菇，但菌味稍遜。
2 餡料若有賸餘，可放入冰格內，可保存一星期。

87

假禾蟲

我雖生於香港，但在廣州長大，每年總有兩次是全家同享禾蟲的盛會。禾蟲當造，不可能不知，因為不少蜑家婦女挑着一盤盤的禾蟲，魚貫地在街上尖聲叫喊：「生猛禾蟲！」「生猛禾蟲！」，家家的女人都會跑出門外，拿着自己的盤子，等候販子到來，這情景只有在戰前的廣州可以見到的了。

禾蟲必須吃鮮活的。我家婢女先把禾蟲從淺盤移去很大的盤，盤中盛滿了清水，用幼竹枝在大盤內不停地撈，活的禾蟲便會留在竹椏上，便轉放入瓦砵內。如是慢慢的撈，最後留在盤底的便是游不動的禾蟲了，應棄去。一淺木盤的洗淨禾蟲，可做一大瓦砵的燉禾蟲。

繼着便是灌油，禾蟲在砵內仍是活的，倒油下去，禾蟲吸飽了油便會肚爆漿流，可以用剪剪碎了。主理調味的是我家的六婆，她會準備好陳皮、欖角、蒜茸，把蛋打好，加糖、鹽和多量的胡椒粉，用薄油條片鋪面，便算大功告成，以後的先蒸後焗的工序便由廚房的師傅去完成了。我們總會做幾砵，好等大家分享。平日怕蛇蟲鼠蟻的，都視禾蟲如無物，一於開懷大嚼。我沒吃禾蟲快有六十年了，禾蟲的甘香雋永，加上全家人團敘在一起享受時那種和樂，此情難再了。

先師特級校對自創一道假禾蟲，用生蠔代禾蟲。美國生蠔有大有小，有分美東生蠔和美西生蠔，通常十分新鮮，是盛在小玻璃瓶內出售的。在香港的美國桶蠔，其大無比，一桶只得3-4隻，相信是經急凍的。我一時興起，再做一次，味道卻似蠔砵多於禾蟲，說它是假的，的確如真包換了。

···假禾蟲

假禾蟲內要放陳皮,要陳多少年呢?起碼十五年吧,太新鮮的果皮沒有香味而且苦澀,用之反而誤事。紫蘇葉最好能買到新鮮的,乾的也可用。

材料

美國桶蠔	2桶
洗蠔用麵粉	1/4杯
生薑	1大塊,切角拍扁
紫蘇葉	4大片
陳皮	2角
欖角	12粒
蒜	4瓣
乾葱頭	4大顆
油	4湯匙
紹酒	1湯匙
油條	1/2條,切薄片
美國雞蛋	6個
鹽	1/2茶匙
清雞湯	1/2杯
麻油	2茶匙
掃砵頭用油	1湯匙

調味料

胡椒粉	1/2茶匙(或適量)
糖	1茶匙
鹽	1/4茶匙
生抽	1湯匙

··· 準備

1 陳皮浸軟,刮去白色內皮,切細絲,再切小粒。

2 紫蘇除骨,舂成幼粉。欖角沖淨,切細粒。乾葱頭切細粒。蒜剁碎,分為兩份。

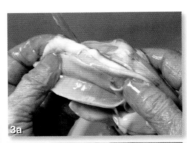

3 生蠔洗法:在水下手持生蠔,張開蠔裙,沖淨每一層,置於疏箕內,灑下麵粉,以手輕抓,稍擱一會,用水慢慢沖洗,污物及黏液自會隨麵粉沖去,放蠔入大碗,多沖幾次水蠔便沖淨。

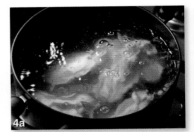

4 3公升深鍋內加水半滿,置大火上,水燒開時加入拍扁薑塊,煮至蠔肚由軟變結實,便倒入疏箕內瀝去多餘水分。

••• 蒸焗法 ••••••••••••••••••••••••••••••••••••

5c

5 排生蠔在潔淨毛巾上，吸乾水分。蠔枕切小粒，如綠豆大小。蠔裙切0.4厘米粒，蠔肚先切片後切0.6厘米粒，同放碟上。

6 大碗內逐個打入雞蛋，打勻後方加入雞湯和鹽同打勻，候用。

7

7 全部準備好材料在圖。

1a

1b

1 置中式易潔鑊於中大火上，鑊紅時下油4湯匙，加入乾葱粒炒至半透明時下一半蒜粒炒勻，改為大火，即倒入三種蠔粒，邊鏟邊潷酒，下陳皮、欖角、紫蘇葉同炒勻，炒至汁液收乾，最後加入餘下之蒜粒及調味料，鏟出至已塗油之瓦砵內。

2a

2b

2c

2 候約10分鐘待蠔稍擱冷，慢慢注入打好蛋液，排油條片在蛋面，蓋上鋁箔，置於有水之鑊內，燒至水開時加蓋，大火蒸15分鐘，揭蓋，試以竹籤插入燉蛋中央部分，如無蛋液黏着便是熟。若不然，再多蒸5分鐘。

3a

3b

3 移蠔砵出鑊後，預熱烤爐至最高溫度，在油條上掃上麻油，將整砵放在距發熱線最近的一格，明火烤至面上金黃，約5分鐘，移出，趁熱供食。

金銀豬腳

2001年我為紀念先師特級校對陳夢因先生所編撰的一套兩冊《粵菜溯源系列》出版後不久，中國內地一家出版社的編輯，通過萬里機構轉寄我一信，表示想在內地將特校老師的十集《食經》原裝出版。

這消息實在使我興奮莫名。先師生前想將《食經》再版，患癌後往返美國香港兩次，多方接洽，仍未能獲得香港出版界的青睞，竟爾鬱鬱而終。我那兩本食譜，不過只挑出我喜愛的菜式，在今天的情況下，按着他的食經烹煮出來，補上食譜並加插圖片而已。

先師在60年代退休返美，退出香港飲食江湖，在家舞刀弄鏟，不時款客以自娛。我們後輩得嚐先師好菜及教益，每每思及當日好時光，真的感慨萬分！為他編撰食譜，不過聊表思念及謝意於萬一。我這份心意，竟然在國內引起有人對他的賞識，那真是始料不及。但我覺得仔肩已卸，這事應交由陳家子弟來處理，便將原信寄給先師的長媳吳瑞卿。經過兩三年的來往商議，簡體版於2008年1月發行。香港商務印書館不甘後人，率先在2007年11月出版了一套五冊的《食經》繁體版，由吳瑞卿重新勘誤，不再是紙張印刷簡陋、排字錯漏百出的散冊，而是人皆可拿在手上一讀再讀、韻味深長，但仍是有經無譜的真正《食經》。

我接到贈書後，捧在手上略讀一過，內容我早已滾瓜爛熟，沒有當真的驚喜，只有對先師更加懷念。如果他看到我今天，依然謹遵他的教誨，默默耕耘，泉下也會安心吧！

「金銀肘子」是先師喜愛的菜饌之一，作料本來平平無奇，只有豬肘子和火腿，但經他精心挑選的火腿肘子，是美國維珍尼亞州史密非夫鎮所產，用來做這道菜，香味和鮮美遠勝今日的任何一種國產。在香港做這款金銀豬腳，作料不理想，難免失色，先師若在生，吃到我這道菜，不評得落花流水纔怪哩！

.... 金銀豬腳

吳瑞卿特意到九龍城的南貨店買來她認為不錯的火腿腳，適我又有一袋豬腳尖（肉行內稱豬趾筋），一金一銀，正是好搭檔，就趁《食經》重現江湖之慶，按着特級校對的「金銀」式，做了這道金銀豬腳以為賀。很可惜現時坊間的火腿多數鹹而不香，鮮味更欠奉，而我還自作主張，嫌豬腳尖蒼白，又下了些許老抽，更影響了賣相，實是大煞風景！

材料
火腿腳 .... 4塊（約250克）
豬腳尖 .... 12塊（約400克）
冰糖 1湯匙
紹酒 1/4杯
老抽 .... 1茶匙（隨意）

... 準備 ....

1 火腿腳在開水內中大火煮10分鐘，移出以冷水沖透，以刷子將皮上附着之頑漬擦清，挑出骨髓。

2 豬腳尖改去趾甲，拔去可見細毛，汆水後以冷水沖透。

... 火腿腳煮法 ....

1 火腿腳置容量3公升鍋內，加水浸過面約1厘米，大火燒開後改為中火，不加蓋煮30分鐘，夾出至疏箕內，以冷水沖透後浸在冷水內，火腿腳湯留用，撇去肉糜。

2 放火腿腳回有湯之鍋內，中火煮30分鐘後，如上法沖冷。

••• 燜法 •••

2 繼續煮至汁液收乾為1/2杯，試味，如覺色澤過淡，可酌加老抽1茶匙（隨意），試味後上盤供食。

••• 豬腳尖煮法 •••

1 豬腳尖放入另一較大的鍋內，加水僅過面，大火燒開後改為中火，加蓋煮30分鐘，移出以水沖冷，放回湯鍋內，大火煮10分鐘，再次沖冷，如是再多煮一次，再沖冷一次，留用。

1 豬腳尖湯和火腿腳湯撇去浮油，加火腿腳和湯在有豬腳尖和湯的鍋內，下冰糖、紹酒，蓋起煮至筷箸能插入為度。

貴妃雞翼

貴妃雞翼的貴妃是誰？傳說靈感來自京劇「貴妃醉酒」，食譜源於20年代末期海派名廚顏承麟創制，本名「京葱貴妃雞」。在上海，則以梅龍鎮飯店的出品最為著名。其實這道菜是因用葡萄酒來燜雞而得名，說穿了，就是紅酒燜雞加上冬筍和冬菇而已。至於採用京葱或水葱，也因地域而不同。

貴妃醉酒的故事，家傳戶曉。楊玉環是唐明皇最愛的妃子，三千寵愛在一身。一晚，正是月圓之夜，楊貴妃在御花園的百花亭設宴等候唐明皇來同賞，但唐明皇卻到西宮梅妃那裏去了。貴妃深感被冷落之苦，無法自解，於是賭着性子而喝得酩酊大醉，吐得狼藉不堪。後來的廚子，凡用葡萄酒來燜的雞饌，便稱做「貴妃」什麼的了。

與廣東人的燜雞微有不同的竅門，貴妃雞或貴妃雞的任何部分，要在熱油中先行把冰糖炒熔方下雞件同炒，這樣醬油的紅色可以鮮明地附在雞皮上，產生紅油赤醬的效果。最顯著的例子就是山東江浙一帶紅燒肉的傳統做法。

是否一定要用紅葡萄酒來燜雞纔算是貴妃式呢？我認為未必！唐朝時楊貴妃那晚喝的是什麼酒，是否可以確定呢？如果為了顏色而用上紅葡萄酒，燜出來的雞反而會變瘀紅、近乎黑色，一如法國紅酒燜雞的賣相一樣。傳說和事實時常會有差距，很難證實。

今人烹貴妃雞，着重的是用較多量的酒來燜，管它是紹興酒、雙蒸酒、糯米酒、車厘酒，都無不可，用葡萄酒的人反而不常見。

⋯⋯ 貴妃雞翼

雖然現下流行飲餐酒，但不是每家人都日常備有。為了做這道菜而去買一支紅酒，實是不划算。況且不是任何廉價紅酒都可用，法國人這麼說：「能飲用的酒方配用來烹調。」我們倒不如用香醇的紹興酒吧！

材料
新鮮大雞翼	5隻（約500克）
花菇	6隻
冬筍	600克
油	2湯匙
薑	1塊（約20克）
乾葱	2顆
青葱	4棵
碎冰糖	2湯匙
紹興酒	1/2杯
清雞湯	1/2杯
鹽	適量
包尾麻油	1茶匙

醃料
頭抽	2湯匙
老抽	1湯匙
紹酒	2茶匙
糖	2茶匙
鹽	1/2茶匙

⋯⋯ 準備

1 花菇洗淨置小碗內，加熱水過面，浸至發大後，大者切為3塊，小者2塊，留浸菇水。

2 薑拍扁，乾葱切厚片，青葱去頭尾，切成4厘米段。

3 冬筍剝皮後切去筍頭，片去筍衣，先分為2半，然後切滾刀塊。

4 雞翼在與膊上關節相連的地方割開，把膊上的肉切出，分切上翼與中翼，每隻共切出3塊，共15塊，置於中碗內，加入醃料拌勻，擱置起碼1/2小時使入味。

5 小鍋內加水半滿，置中大火上燒開，加糖、鹽和筍同煮約5分鐘，移出汆水，放在白鑊中烘乾水分。

⋯ 燜法 ⋯⋯⋯⋯⋯⋯⋯⋯⋯⋯⋯⋯⋯

1 置鑊於中大火上，鑊紅時下油2湯匙爆炒薑和乾葱，至香氣散發時撥至鑊邊，加入碎冰糖在油中，鏟動至糖熔。

2 放雞翼下鑊，不停兜炒至雞塊着色，加入冬菇和冬筍一同炒勻，沿鑊邊倒下紹酒、浸冬菇汁和雞湯，鏟勻後加蓋，燜約30分鐘至雞翼全熟，汁液收乾至餘下1/4杯左右，試味，可酌加鹽。

3 投下葱段鏟勻，下麻油包尾，不用勾芡，上碟供食。

⋯ 提示 ⋯⋯⋯⋯⋯⋯⋯⋯

此菜宜用新鮮雞翼，或可購嫩雞2隻，每隻斬出雞翼1對，雞腿2對，其餘2副雞胸和骨架，可留作燒湯之用。雪藏雞翼乏鮮味，風味頓失。

醃菜肉粒煮豆腐

如所周知，醃菜是用多量的鹽醃製後待其發酵再行晾乾，所以有特別的香味和質感。

記得小時候每天都和醃菜有接觸；早上吃白粥，會有一小碟的油浸大頭菜粒，加些進粥內，口感不同了，味道再不單調，我們歡天喜地的吃完上學去。中午放學回家，飯桌上總會有梅菜蒸肉餅，或大頭菜蒸鰽魚，醃菜的分量相當豐富，掏一大匙和白飯拌在一起，特別開胃。茹素的祖母和伯娘們，也有她們用醃菜煮的齋菜；諸如梅菜蒸豆腐、梅菜炆麵筋、大頭菜絲炒芽菜、大頭菜粒炒鬆等等，簡直不勝枚舉。

近年香港人聽得太多有關內地用化學鹽醃菜的負面新聞，存有戒心，關注飲食健康的人士，都不贊成「多」食醃菜，甚或不敢吃醃菜。但偶爾食之，倒可調劑一下「平淡」的口味。

女兒告訴我在三藩市的中餐館吃到一道梅菜肉粒蒸豆腐，梅菜和肉粒先炒好，加了芡，鋪在豆腐上，蒸至豆腐熱透了方供食。我覺得肉粒再翻蒸，一定會過老，更想簡化工序，先把梅菜和大頭菜加糖炒香，鏟出後，炒散肉粒，梅菜回鑊，加個寬芡，再加熱騰騰的豆腐同煮，一氣呵成，輕而易舉。

在烹調上，我自問是個化簡為繁的「煩」人，我不買現成攪碎的豬肉，嫌它肥瘦不分，寧可挑選上等的胸頭肉，切成小粒而不剁。就算醃菜也用心去切，粒粒務求大小相若，或者讀者會說我矯枉過正，我也不強為自己辯護。不過，到你的飲食經驗豐富了，自然對放進口中的東西有要求。這樣一盤醃菜肉粒煮豆腐，也會是愜意的享受哩！

在香港買梅菜，以石澳梅菜王為首選。雖然梅菜王的廠房已北遷，但仍能保持往日的水準，比在街市隨便買到的惠州梅菜，吃得較安心。梅菜葉內常帶砂粒，要每片張開清洗為要。

...醃菜肉粒煮豆腐

醃菜單用一種已能提味，我多加了大頭菜只因早便買下，趁機會利用而已。

材料
豬胸頭肉 100克
油2湯匙＋2茶匙
石澳梅菜王............................50克
順德大頭菜............................50克
糖 2茶匙
清雞湯..............................1/2杯
布包豆腐 2件
鹽 1茶匙
薑 2片
青葱 1棵
長紅椒 1隻
麻油 1茶匙

豬肉調味料
頤和園頭抽............................2茶匙
紹酒 1茶匙
糖 1/2茶匙
胡椒粉...................................少許
生粉 1/2茶匙
麻油 1茶匙

芡汁料
生粉1茶匙＋水2湯匙

...準備

1 在水下張開梅菜，沖淨砂泥，分莢撕出，放在碗內加水過面浸約15分鐘，擠乾水，先切長條，後切小粒，約為4毫米丁方。

2 大頭菜洗淨，刮去皮，先切4毫米厚片，再切4毫米方丁。

3 豬胸頭肉去肥，先切條，後切粒，約為4毫米方丁，置碗內，依次加入頭抽、紹酒、糖、胡椒粉、生粉、麻油下至最後，一同拌勻。

4 紅椒、青葱及薑片俱切小粒。

••• 煮法

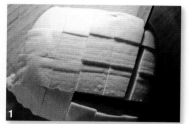

1 布包豆腐每件切20塊，放入中鍋加鹽水浸過面，大火燒至水開，關火，用前瀝水。

2 置中式易潔鑊在中火上，加入梅菜丁和大頭菜丁，烘乾後下2茶匙油和糖2茶匙，鏟至糖溶便移出。

3 以濕廚紙揩淨鑊，放回中大火上，鑊熱時下油2湯匙，加入肉粒，散開排成一層，煎至一面金黃後加入薑粒鏟勻，倒下雞湯，放回醃菜，煮至湯滾後加入瀝乾水之豆腐，待汁液重行燒開時便加蓋，煮約5分鐘豆腐便熱透，試味。

4 調勻生粉水，勾芡，一同鏟勻，撒下紅椒粒和青葱粒，加麻油亮芡，上碟供食。

••• 提示

醃菜本身鹹味頗重，故不用多加調味料。

鳳眼果冬菇燜豬軟骨

女兒小時候，我們住在澳門，家中小小的前院就植有一棵鳳眼果樹，樹齡起碼有十多廿年，我們在二樓的露台，拿着一枝自製的枒叉，對準紅得似火、一串串的鳳眼果一扭，整串便夾在叉內，把枒叉收回來，便有鳳眼果可吃了。傭人卿姐很有耐性，從果莢中取出果肉，煮熟了慢慢逐粒去皮，好讓我女兒作小食。

最近母女二人促膝傾談時，一面剝鳳眼果肉，一面緬懷往事，感慨良深。我年事已高，她亦過了花甲，母女二人能如此相聚，從記憶中找回舊日的好時光，不知尚有幾回？

鳳眼果又名蘋婆，七、八月間成熟，又稱七姐果，原產中國，在香港有栽種，果實銷量不大。清代吳震方著有《嶺南雜記》中有云：「蘋婆果，如大皂莢，莢內鮮紅，子亦如皂莢子，皮紫，肉如栗，其皮有數層，層層剝之，始見肉，彼人詈厚顏者曰蘋婆臉。」果真有典故也。

蘋婆亦稱千層果，因外皮有多層，從紅色、形似鳳眼的果殼中，取出紫黑色的果子後，尚要剝去第一層薄皮，下面是一層頗硬的皮，要先去這兩層，方露出杏色的軟皮，要用小刀削去。環繞果肉一周的一條硬皮，也要批去。但一些對食物不講究的人，會保留杏色的皮，連皮一起吃。

做一道菜要用數十粒，我和女兒兩人合作，也費了一小時。我採微波爐爆殼方法，已省去不少麻煩，若依傳統，煮熟後逐粒去皮，功夫更多。

鳳眼果最宜與禽類配搭，豬肉或豬排骨亦佳。除了入饌，也可煮成甜湯，加入蓮子、栗子、百合、雪耳和鵪鶉蛋，鹹甜俱宜。鳳眼果富含澱粉質，溫胃健脾，比栗子更香甜，煮熟了剝來吃，是佳妙的口果。

我在大埔街市，看見肉檔有一種豬排骨，據稱是豬軟骨。我沒有使用這種排骨的經驗，決定買來一試究竟，結果十分滿意；肥肉不多，骨軟易切，而且燜的時間較短，燜到最後十分鐘時方加入鳳眼果，可保持原個，賣相甚佳。

鳳眼果冬菇燜豬軟骨

鳳眼果與雞鴨是絕配，豬肉亦不錯，甚至素燴也別有風味，
天熱時做甜湯，放入冰箱內藏冷，口感介乎栗子、芋頭與茨
菇之間，非常有趣。

材料
鳳眼果（連殼）.....................600克
冬菇 8隻
豬軟骨.............................450克
油 2茶匙
乾葱頭.............................2大顆
薑 20克
蒜 1瓣
雞湯1杯＋水1/2杯

調味料
大孖頭抽 1湯匙
老抽 1/2茶匙
黃砂糖 1湯匙
清酒 2茶匙
鹽 1/8茶匙
麻油 1/2茶匙

芡汁料
生粉1/2茶匙＋水2茶匙

··· 準備 ·····

1 冬菇浸軟去蒂，留浸菇水。

2 鳳眼果從殼中取出，在皮上
用小刀割一十字，放在耐熱
玻璃盤內，置微波爐中蓋好，
大火（100%）加熱2分鐘，移
出候涼。

3 先剝去硬皮，再撕去杏色的
軟皮，便見留有一圈軟皮環
繞鳳眼果一周，用小刀批去。
剝完為止。

••• 燜法 •••••••••••••••••••••••••••••••

1a

2a

4a

1b

2b

4b

4 豬軟骨洗淨，改去多餘脂肪，
切成大塊，約為（3X5）厘米
大小。

1c

2c

5

5 乾葱及蒜瓣切片。

1d

2d

1 置易潔鑊於中大火上，下油
2茶匙，加入乾葱片和蒜片，
爆至透明，撥至鑊近身的一
邊，留出空位，倒下兩種醬
油，即下黃糖，鏟至糖溶，
加入豬軟骨，炒至每塊均沾
滿醬油，灒酒。

2 是時下冬菇，加雞湯1杯，煮
至湯滾後蓋起，燜40分鐘，
放入鳳眼果同燜，中間加入
浸菇水，和水約1/2杯，再煮
10分鐘，勾芡後一同拌勻，
下麻油一同鏟勻上碟。

火腩獨蒜花菇燜雙蠔

小時住在廣州，傳統的農曆新年是一年中的最大節日，我們一年到頭就是巴巴地等待新年的來臨，有好吃的，有紅封包，還可以放炮竹，真熱鬧。

尾禡過後跟着是謝灶，之後一連串的迎春飲食活動便開始了。開油鑊、蒸糕、團年，開年，人日，到了上元節纔告一段落。新春是一年之始，人人都希望新的一年比舊年好，萬事都講吉利，菜饌的名字也得好意連連，很普通的菜式也給它冠上個大吉大利的名字，尤其是商號，更看重開年這一頓飯。

在準備新年食譜之時，我稍盡環保之心，把一道傳統菜式改頭換面，減去了髮菜，在蠔豉之外多加了爽蠔，雙重好市，意念是薄利多銷，積少成多，結果總會發財的，只是多少而已。

作料用了獨蒜，給這道菜帶來了新的口味。

我們平日只用一般的蒜頭，蒜皮內包着瓣瓣帶皮的蒜粒，是烹調常用的料頭以增加食物的香氣，而獨蒜是不分瓣的，並不常見。據經營蒜頭已有數十年的黃老先生告我，現時的獨蒜都來自雲南，大陸易手前，廣東開平縣也產獨蒜，後來為要增加米糧生產，蒜田都改為禾田了。我曾在成都的農貿市場內見過獨蒜，在雲南昆明也嚐過有獨蒜的紅燒菜饌，可惜那時還不懂得欣賞。

獨蒜有獨特的質感，難以形容，粉綿幼緻，入口融化，氣味溫厚，如不明言，食者不易分辨其為何物。傳説故名畫家張大千有一獨步單方，是將一顆獨蒜放在碗內，加入六顆珧柱和雞湯同燉至配料的精華全進入獨蒜內，然後把珧柱棄去，只吃獨蒜。

獨蒜大若一顆黑葡萄，看起來與別不同，我猜想一定要加意炮製方能出味和入味。但我以前沒有烹製獨蒜的經驗，只好用一般蒜子的處理方法，用油炸過，汆水去膩，效果竟然甚佳。市上的燒腩近骨的地方附着很多醃料，往往太鹹，最好把骨頭切去。爽蠔洗淨，蠔豉蒸透，加上小花菇，真是和味。

··· 準備

1 花菇先沖淨，放在碗內，加水過面浸至軟，剪去菇蒂，擠乾水，留浸菇水。

2 在水下張開爽蠔裙，洗淨裏外，排在疏箕上瀝水，放碗內加醃料拌勻。蠔豉亦洗淨，放碗內拌入蒸料，大火蒸15分鐘。

3 火腩斬件，將近骨部分切去。

材料
雲南獨蒜	6顆
炸蒜用油	1杯
爽蠔	6隻
日本蠔豉	6隻
火腩	300克
花寸菇	12隻
生薑	1塊，拍扁
淡雞湯	1杯
生粉1茶匙＋水1湯匙	

調味料
蠔油	2茶匙
糖	1茶匙
鹽	適量
麻油	1茶匙

蒸蠔豉用料
薑汁酒	1湯匙
糖	1/2茶匙

爽蠔醃料
上好頭抽	2茶匙
紹酒	2茶匙

4 獨蒜去皮，放入小鍋內，加油浸過面，置小火上，慢慢炸至蒜子浮起，面呈金黃，移出氽水去膩，留用。

••• 燜法

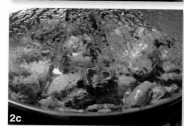

1 置鑊於大火上，鑊紅時下炸蒜油1湯匙，爆香薑塊，次第下花菇、蠔豉，加入爽蠔，爆約5分鐘一同鏟勻，移出。

2 加火腩入鑊，爆至出油，加入蠔油和糖，倒下雞湯及浸菇水、獨蒜和先前已爆香之三種作料，加蓋，燜至汁液收剩一小半時，試味，調勻生粉水，勾芡後加麻油包尾，上碟供食。

肉燥燴竹筍

2006年外子和幾位同事一起到台北參觀當年的書展，帶回六本台灣出版的《飲食》雜誌，內容豐富，特約作家陣容鼎盛，遍及全世界。過去多年，我讀了數次，愛不釋手，每次讀畢都覺得雜誌充滿飲食文化氣息，主編焦桐，真有魄力，可以不計工本去出版這麼題材嚴肅、圖文並茂的好書。很可惜，雜誌印了十多期便停刊了。在第十二期，是以台灣綠竹筍為主題，其中有一道「葱燒滷肉燜竹筍」看來十分吸引，但滷肉和筍都是大大塊的，我決定把滷肉塊改為肉燥。適大師姐從台灣旅遊回來，在《信報》的專欄內大談肉燥，我便對她說，你來，我們一起做吧。我和大師姐合力把五花腩切好，雖然說來簡單，但一粒粒地切，尤其是肉皮較韌，倒也費去不少時間。做肉燥要有油葱酥，我們都不喜歡買現成的，只好自切自炸了，而火候的控制要準確，功夫更多。

印傭買到兩隻肥大的竹筍，經去皮去衣後汆水，切角。加入肉燥汁去燜時，初時恐怕難以入味，但可解決拍攝時的賣相問題，讓大家看了圖片都能分清楚肉燥和筍塊。結果我們竟能失之東隅，收之桑隅，吃到脆嫩鮮甜的筍角，像吃蘋果一樣，爽、爽、爽！為了保持肉燥的台南味道，我分別用了台南西螺丸莊的螺光黑豆蔭油和螺寶蔭油清，再加上我最愛的大孖手揮頭抽，連糖也用有機黃糖，這一大鍋肉燥，充滿了油葱酥和蒜片的香，還有口不能道、濃郁甘腴的肉香和醬香，我冒險不顧一切吃了一大碗肉燥飯，吃不完的，分盒裝好放入冰格保存，慢慢享用。工序雖繁，但我和大師姐卻在製作過程中，自得其樂。

... 肉燥燴竹筍

肉燥也有速成版，有人用現成絞肉和袋裝油蔥酥和油蒜酥，醬油也不講究，老抽生抽亂下、易如反掌，這都視乎你的要求罷了。

... 準備

1a

1b

3a

3b

1 五花腩肉洗淨，拭乾，拔去皮上可見的毛，置於砧板上，皮向下，以菜刀從小的一頭切進，把豬肉皮全部片出。從小的一頭直切成片，約3/4厘米厚，再切成方丁。豬頸肉亦切同一大小。

3 乾蔥去皮後切成薄片，約2毫米厚，蒜亦切同一厚薄。

2a

2b

2 豬皮放在開水內煮約15分鐘至全熟，用水沖冷，先切0.5厘米寬的條子，繼切方丁。

4a

4b

4c

材料
五花腩肉	800克
豬頸肉	150克
油	2湯匙
竹筍	2隻，共重1,000克
糖	1湯匙
乾蔥頭	80克
蒜	4瓣
炸油	1.5杯

調味料
螺光黑豆壺底蔭油	1/4杯
螺寶正蔭油	1/4杯
大孖手揆頭抽	2湯匙
紹酒	1/2杯
有機黃糖	1/4杯
水	2.5杯
鹽	1/4茶匙

••• 煮法

4d

4 竹筍在筍尾切開，剝去硬殼，片去筍皮，切出頭部老硬部分，每隻直分為兩半，放入開水內，加1湯匙糖，中大火煮10分鐘，移出以水沖冷。

5a

5b

5 油葱酥炸法：置中式鑊在大火上，燒至鑊紅時關火，加入冷油1.5杯，以中大火燒熱油，撒下乾葱片，改為小火，炸5分鐘，轉中火，不停鏟動至葱片分散，加大火，色呈微黃便快手鏟出瀝油，順便在此時投入蒜片，亦炸至微黃，全部連油倒出瀝油。

1a

1b

1c

1 置中式易潔鑊於中大火上，鑊熱時下油2湯匙搪勻鑊面，加入肉碎和豬皮粒，不停鏟動至均勻後，依次加入螺光、螺寶和大孖三種醬油，一同鏟勻，再加入紹酒1/2杯，黃糖和水2.5杯，煮至汁液沸滾時加油葱酥和炸蒜片，加蓋，改為小火，煮約45分鐘。

2 肉碎應已煮至汁液起膠變稠，下些許鹽，試味，這便是肉燥。

3a

3b

3c

3 是時將竹筍滾刀切成角，放在白鑊內以中火烘乾，從肉燥取汁約1/4杯，倒經疏箕隔過，加汁入竹筍內，中火煮汁液至滾，改為小火，繼續收汁至稠、全部掛在筍塊上，試鹽味，鏟出至菜盤中央，堆成小山狀，把肉燥淋在筍上和四周，便可供食。

••• 提示

1 台灣丸莊出產多種蔭油，也有較濃稠的蔭油膏，在中環有食緣和永安公司食品部有售。

2 台灣人煮肉燥時會下些少五香粉，可隨意加入。

姑姐齋

到了我這把年紀，對飲食的要求日益澹泊，只要不悖健康，便覺心滿意足。但要求合乎健康，卻是談何容易！自從背患後我因不欲開刀，轉求中醫，在嚴苛的飲食戒條下，能吃得進口的似乎是寥寥可數。數年於茲，得過且過，習以為常，但我在雜誌專欄做的菜，寫的食譜，只是一生回憶中的美好時光，給自己一點滿足、給別人留個記錄吧了。而香港光怪離陸的新飲食潮流，我只抱旁觀態度，不慍火，也不刻意批評，靜居養生之餘，頗為悠然自得。

我們吃得十分清淡，但仍有要求，只要每餐有不同食材，使平常的飲食顯得品種多樣，不致偏食，便達到晚年養生之道了。至於家外的花花飲食世界，因有雜誌和報章的報道和推介，雖不「常」外食，也不覺匱乏心癢，或孤陋寡聞。

姑姐畹英，罹患痛風，每一發作便疼痛難耐，平日飲食十分謹慎。她篤信密宗，算是個守半齋的佛教徒。自從病發後，以前家常飯餐中的豆品，都因痛風而全部減去，素食賴以提味的菇菌類據說也是絕對不宜，每餐除了蒸些淡水魚和瘦肉外，吃得很沒趣。年底她來我家團年，我特為她燒了一大盤素菜，讓她帶回家去。要設計一道適合多方限制的的齋菜，很不容易，不用菇菌是淡然無味的，結果我還是用了少量乾的姬松茸去提味。姬松茸是培養菌中食療價值極高的，相信少吃無妨吧！

我準備了一大盤不同的素食料，下鑊時姑姐在旁監督，選她認可的，下多下少由她指揮，以合她的心意。最近我再為她燒一大鍋這樣的齋，讓她分盒放入冰格貯存。這是個齋菜的「膽（base）」，可以加入她認定只此這一種纔配稱是「菜」的菜心。我又送她一大紮泰國的不漂白粉絲，她只需從冰箱中取出一盒齋，解凍後同煮便可。

... 姑姐齋

這是為了適應某種健康情況而組合的一盤素菜。一般的人，不必守戒，隨心所欲增減材料，在夏日中吃頓素餐，大可調劑吃肉過多的習慣。

材料

姬松茸	40克
乾雲耳	1/3杯
蠔豉	8隻
紹酒	1茶匙
生根	1串，約20個
生麵筋	350克
扁尖鹹筍	50克
栗子	250克
乾蓮子	1/2杯
白果	1/2杯
橄欖油	5湯匙
大孖手撐頭抽	1湯匙
薑	1塊（約20克）
鹽、糖	適量

... 準備（以浸發先後為序）

1 姬松茸在水下稍沖，置中碗內加溫水約1杯浸過面待發，浸菌水留用。

2 乾雲耳浸透，剪去硬蒂，汆水後瀝乾，以2茶匙橄欖油爆炒，鏟出。

3 蠔豉浸軟，加薑兩、三片，紹酒少許，入鑊蒸至軟。

4 生根逐個剪一開口，投入在一鍋開水內中火煮約5分鐘，移出至疏箕內，在熱水下不停沖洗以去油分，瀝水後在白鑊內烘乾留用。

5 生麵筋用手撕成小塊，投在一鍋開水內，中火煮10分鐘，移出至水下沖去麵粉味，置白鑊內烘乾水分待用。

6 扁尖不宜多浸水，免失去原味，把表面鹽粒沖去，每條從中剪為兩半，置碗內加水僅過面。每條用手撕成細條，稍沖。

••• 燜煮

7 乾蓮子浸透，去蓮芯，在小鍋內中火煮10分鐘至腍而不爛（如值夏季可代以鮮蓮子），瀝水。

8 去皮栗子分兩批沿着磁器碟子或玻璃盤子四周擺放，加蓋，放入微波爐內，以100%火力加熱3分鐘，立即取出，栗子皮一擠即脫落，繼放在小鍋內煮腍。

9 白果去殼除皮，在開水內煮約5分鐘，沖冷。

1 置中式易潔鑊於中火上，鑊熱時加入橄欖油2茶匙，將蒸透蠔豉連薑片放入鑊內爆香，移出。

2 在同一鑊內，下油2茶匙，爆香姬松茸，移出。

3 用原鑊，置於中大火上，下油2湯匙，先加入烘乾生麵筋和生根繼下姬松茸，再下浸菇水，燒開汁液，跟着次第投下扁尖和開水2杯，是時加入手撐頭抽、雲耳和蠔豉。改為中火，加蓋煮至部分汁液為各種材料所吸收，如水分不足，可多加水1杯。

4 最後加入蓮子、栗子和白果，煮至栗子入口粉綿，便可加鹽、糖調味，並將餘油全部加入，試味後鏟出。攤涼後放入盛器中，置冰格內保存，用時可加入菜蔬或粉絲同煮。

雙鮮燴南瓜球

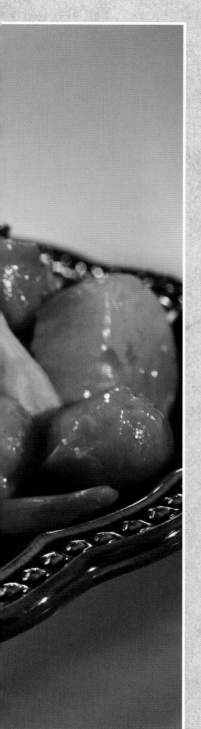

將近過年時，女婿常載我到大埔買菜，一行四人，其樂無窮。雖然漁民都已停止出海，鮮魚的選擇少了，但急凍的海產多了，而且新年假期時我們不會再上街市，所以見到甚麼，就算是急凍貨，只要覺得還合眼的便買下了。

魚枱上最多的是盒裝急凍大蝦，有來自澳洲的藍尾蝦、越南的虎蝦、緬甸的竹節大蝦，都分大小，任人選擇。帶子也有加拿大的、日本北海道的、這些平日罕見，都在這時露面了。我隨便挑幾盒蝦和帶子，付過錢，也不細問價格。街市這麼擠擁濕滑，不敢自己步行，坐在輪椅上，想多留些時也覺妨礙大眾，買完便上樓去。

街市的二樓，可說是包羅萬有：小型的海味店、印尼食品店、水果檔、成衣檔，櫛比鱗排，我們穿街過巷，忽在轉角比較僻靜的地方，見到有位老人家在擺個小攤子，賣的東西非常蕪雜，似是生草藥店。原來這位老伯，自己種了不少罕見的植物，都是其貌不揚，乾乾瘦瘦，不過如果細心搜尋，必有你想要的東西。我見到有幾個中式、圓形的南瓜，大小不一，真是得來全不花功夫。老伯說是他自己種的，問他種籽從何而來，他說是特別把瓜長老留下來的。吓！這豈非是家傳種籽了。

他又有連根的香草，諸如九層塔、薄荷葉、蒔蘿、迷迭香等等，買回家可以插在盤中，不久便會繁衍起來。我對菲傭說，平日多來這裏走動，必有新的發現。我在南瓜中挑了一個圓形、身重，瓜皮表示已長夠日子的，滿意而歸。

雙鮮燴南瓜球

改編《古法粵菜新譜》時，重做過一些特級校對的《食經》內的菜，這次買到好的南瓜，冰箱裏又有大量海產，正好做「雙鮮燴南瓜球」。

材料
急凍藍尾海蝦	8隻（約400克）
洗蝦用鹽	1茶匙
油	1杯
急凍北海道帶子	8隻（約225克）
鹽	約1/2茶匙
中國南瓜	1個（約1,300克）
清雞湯	1/2杯
鹽	少許
葱白	2棵
蒜	2瓣，切片
紹酒	1茶匙

蝦醃料
蛋白	1湯匙
鹽	1/8茶匙
胡椒粉、糖	各少許
麻油	1茶匙
生粉	1茶匙

... 準備

1a

1b

1c

1 將大蝦剪去爪，從頭部起剝去殼，留尾，置疏箕內用鹽抓洗，用冷水沖淨，瀝水。在蝦背上自首至尾割開，抽去蝦腸，平放在毛巾上吸乾水分。

2a

2b

2 碗內放下蛋白約1湯匙，加入調味料同拌勻成一稀漿，放進大蝦，以手擠勻，使醃料沾滿，放入冰箱內冷藏待用。

3a

3b

3 帶子撕去旁邊的硬塊（俗稱枕），放疏箕內，用鹽撈一下，以水沖淨。沿玻璃盤邊，排放成一圈，上蓋廚紙，放入微波爐大火加熱45秒，移出至潔毛巾上吸乾水分。

4a

4b

4c

4d

4 南瓜從中直斬為兩半，用餐匙挖出瓜瓤和籽，去皮，先切成3厘米寬的條，再切成方塊，然後改成小球，修出之南瓜碎可留作南瓜茸，不必棄去。

••• 燴法 ....

1a

1b

1 置中式鑊在中火上，鑊紅時下油1杯，燒至筷箸放下油中時周邊起泡，即將大蝦放下鑊散，至蝦肉變紅並捲起，便鏟至疏箕內瀝油。

2a

2b

2 繼着放下南瓜球，改為中大火，泡至瓜球面上呈皺紋便連油移出。

3a

3b

3 揩淨鑊，下油2茶匙，爆香蒜片，加入南瓜鏟勻，倒進雞湯，煮南瓜至僅熟便鏟出，餘湯不用。

4a

4b

4 洗淨鑊，下油1湯匙，中大火稍炒葱白，蝦球先回鑊，再加帶子同炒，灒酒，最後下南瓜球，勾芡上碟。

上素冬瓜盅

視燒飯為責任的個人，只需把菜饌燒好便是。如為興趣，一定會用心。而「盡責」與「用心」之間，相距何止千里。大酒家的廚子，與客人沒有直接的接觸，而自家經營小店的廚子，親力親為之餘，還得用心，更要加上自己對客人的愛心，這樣客人方能有賓至如歸的感受。

最近和一位讀者同遊大埔街市，在有機菜檔看見有幾個圓形的冬瓜，十分可愛，但都是小型的。我挑了一個身重，圓得勻淨的，想用來做冬瓜盅，付款時才知價錢，是108元，我既然説要了，不便反口，也就歡天喜地捧回家去。

多方考慮如何應用時，很是擔心。瓜小，中空的容量跟着也會小，傳統的冬瓜盅，勝在材料多樣，供食時有瓜有料有湯，而且是整個端上桌的。這個瓜能盛多少湯，是一個謎，要等待開了蓋方能揭曉。但無論容量大小，用甚麼材料是先決的條件。

春末鮮蓮子尚未登場，夜香花要請朋友到灣仔方買到。早上飭傭人去街市買有機鮮草菇和冬菇、一隻本地老雞。幸而有新出的竹筍，再買絲瓜，便算鮮料齊備了。於是找出幾種乾菌：冰乾松茸、黃耳、榆耳、竹笙、羊肚菌和只存下一點點的桂耳，蓮子也只好用乾的了。

原來這個有機種植的冬瓜，肉很厚，挖去瓜瓤後中空容量不大，怎能容納得這麼多材料，如何烹製？豈非自作自受嗎？

我先做一鍋濃味的雞清湯，與冰乾松茸同放瓜中，燉1小時30分鐘，見瓜肉半透明了，便另在一個鍋內，把所有處理好的材料加在雞湯中，再盛出瓜內的松茸雞湯一同煮，最後才把一部分湯盛回瓜內，綴以桂耳和夜香花上桌。

因為瓜小，一部分的湯是在瓜外用雞湯煮成，然後與瓜內的湯混合後再放回瓜內。若用較大的冬瓜，則不致有此問題。

供食時可將瓜肉挖出放在個別湯碗內，上加菌湯，瓜甜湯鮮，富饒風味。

材料

有機冬瓜	1個（約1,600克）
鮮冬菇	6隻
鮮草菇	60克
絲瓜	1條
甘筍	1段（約10厘米長）
小竹筍	1個，得肉約1/2杯
夜香花	60克
老雞	1隻（約1,000克）
薑	1塊，20克，拍扁
凍乾（freeze-dried）松茸	25克
竹笙	8條
黃耳	60克
榆耳	50克
羊肚菌	12顆
桂耳	1湯匙
清雞湯	1/4杯
鹽	少許
乾蓮子	1/4杯
鹽	1.5茶匙（或多些）

••• 準備

1 4公升容量湯鍋內加水七成滿，置於大火上，水開時投下薑塊，放入老雞，煮至水重開時改為中火，將雞翻面數次，改為小火，加蓋，留一間隙，慢火煮2小時，不時撤去浮油。

2 凍乾松茸以暖水浸過面至發大，切約（1×5）厘米長塊，汁留用。

3 竹笙剪開，以鹽抓洗內面去潺，沖淨後汆水，切（1×2）厘米塊。

4 黃耳浸軟，在水下沖淨，切去硬蒂，選出色黃而又整齊的，汆水，切成5厘米方塊。榆耳洗淨浸軟，用小刀片去底部黑色雜質，在開水中煮約15分鐘，沖淨，切與黃耳同大小之塊。

5 羊肚菌先沖淨，加溫水過面浸至發大，從底部剪開，在水下沖淨裏外，浸汁留用。

6 桂耳剪去硬塊，沖淨，用雞湯1/4杯煨約5分鐘，加些許鹽，瀝乾待用。

7 乾蓮子浸軟後煮至腍，留用。

8 鮮冬菇和鮮草菇同氽水，俱切小粒。

9 夜香花去蒂，摘去花芯，浸在淡鹽水中，放入冰箱內。

10 絲瓜去皮，切開兩半，每半再分切兩條，片去瓢，切成1×3/4厘米小片。

11 竹筍去皮及衣後氽水，切3/4厘米小丁，甘筍亦切同一大小。

12 準備好作料。

••• **提示**

冬瓜是原個燉的，瓜皮色已轉黃，不似酒家樓把冬瓜放入一大鍋水內煮軟便算是燉，所以瓜皮的顏色能保持青綠。

••• **燉法**

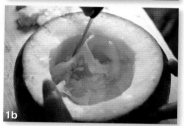

1 冬瓜用菜刀沿頂部切出一環作蓋，改用較厚的小刀將蓋起出，挖出籽和瓜瓢，蓋內的瓢亦要挖出。置在大小合適的碗內。

2 是時雞湯已燒好，撇淨浮油，用湯杓盛雞湯進冬瓜的中空內，加入凍乾松茸和浸水，約及瓜邊下2厘米，置於深鑊內，加瓜蓋，蓋起鑊蓋，大火燉1小時。

3 揭開瓜蓋，見瓜肉已呈半透明，蓋回再燉30分鐘。

4 是時將2.5杯雞湯放入3公升的湯鍋內，次第加入各種菇菌和蓮子，並加入浸羊肚菌水，同時將瓜盅內的松茸和雞湯盛至湯鍋內用慢火同煮15分鐘，然後加入甘筍、竹筍和絲瓜，下鹽，試味後移出。

5 將有齊所有材料的湯放入冬瓜內，切口上綴以夜香花和桂耳，冬瓜出鍋後容易塌下，請立即上桌，其餘的湯亦同時供食。

松茸魚翅瓜盅

遊大埔街市，忽見幾個菜檔都堆滿了魚翅瓜，看來十分新鮮，似是剛採下來的。賣菜的人告訴我種子是來自日本，由漁護處農業部推廣，發給本地的菜農，種植十分成功云。我挑了一個身重約700克的較小型、皮上有十分多白條的，小心翼翼抱回家，總覺得這是另類，不知如何處理。

遠在1992年，我在特級校對家中第一次見到魚翅瓜，他說是從舊金山唐人街擺地攤的小販買來的。到1994年，他親自帶了幾個魚翅瓜回港，宴客時介紹一道「翅中瓜」，是一個魚翅瓜盅，內有粗大的海虎翅，夾着一絲絲的魚翅瓜，賓客嚐了咄咄稱奇，但沒有人能猜中是甚麼，只覺得這些絲絲十分清爽，恰好中和魚翅的濃膩。

魚翅瓜屬葫蘆科，廣為種植於墨西哥，遍及於中美洲、南美洲、而至智利。因為白色的瓜肉是橫生成絲狀似魚翅，唐人稱之為魚翅瓜。

在香港市場則要到1997年方始露面，是從紐西蘭進口的，多為素菜館所採用。但流行不久，漸歸沉寂。

從用家來看，魚翅瓜的皮，硬而薄，若照一般華僑的用法，多是大刀一揮，分成兩半，把黑色（成熟的魚翅瓜的籽是黑色的）的籽和包着籽的瓤挖出棄去，其餘的斬大塊，用來煮湯，像用冬瓜一般輕易。記得在1992年特級校對要我把瓜拿回家去玩，若我只像別人煮這麼一鍋湯，實在玩不出花樣，怎可以交卷？不如試做個瓜盅好了。結果我好好地把這個瓜研究一番，發覺內裏大有乾坤。

魚翅瓜的皮很硬，一切下去，便有一些膠狀的液體流出，若要用來做瓜盅，切出一個完整的蓋子很不易，必得用小刀劃出一圈去定位，然後一刀一刀的向內插入，直至把蓋切出為止。去蓋後要把瓜絲挖出；可熟挖，也可生挖。魚翅瓜還有一個特質，就是經過加熱後，皮的顏色會轉青黃，很不雅觀。為了賣相，我只好生挖，那是非常吃力的事，把瓜瓤全挖出了，做盅的瓜殼，仍得要煮熟。挖出的瓜絲帶黏液，瓜瓤又包着籽，光是分開已很費時，加以要汆水，洗去黏液，方才可以用。魚翅瓜本味十分淡，不消說還要準備上湯作湯底哩！我當時只用瑤柱、火腿、扁尖加入上湯內，魚翅瓜殼則連蓋座在大小適合的玻璃碗中，放進微波爐，大火（100% 火力）加熱10分鐘，瓜剛熟而皮又能保青翠，把湯倒進盅內，奉客時一眾驚喜讚好，一番心血總算沒有白費。老師也依法做他的「翅中瓜」去宴客了。

... 松茸魚翅瓜盅

我花如許心力去做這種魚翅瓜盅,那時只為討好老師,賺一句讚賞的話而已。讀者如嫌麻煩,大可把魚翅瓜斬開一件件,修去外皮,如法用老雞熬松茸湯或者其他的野菌湯甚至冬菇湯,加些扁尖和珧柱,味道不遑多讓,也經濟。

材料
小魚翅瓜 ....1個（約700克）
老雞 ....1隻（約600克）
薑...2片
乾松茸...................................40克
凍乾（freeze-dried）松茸 25克
冬筍肉...................................180克
火腿 50克

調味料
鹽 ....適量
胡椒粉.......................約1/8茶匙
糖 ....少許
麻油 1茶匙

... 準備

1 3公升湯鍋內,加水八分滿,置於大火上,燒至水開時加入薑片,繼將洗淨之老雞放下開水內,待水再燒開時改為中小火,不停撇去湯面浮泡至湯清,加蓋半掩,改用小火煮2小時。

2 碗內乾松茸以溫水浸過面約30分鐘,以餐叉揮打使去泥沙,放入雞湯內,再將浸水加進,棄去泥沙。繼續以中小火煮30分鐘至松茸出味。

3 凍乾松茸加溫水僅浸過面,每塊平片為兩片,切0.3厘米幼絲,浸汁留用。

4 冬筍汆水後先切0.3厘米片,再切（0.3×5）厘米長條。火腿亦切同樣大小。

5 魚翅瓜由蒂開始以軟尺量度，至離蒂下5厘米處便刻淺紋，每刻一次便轉瓜一次，直至刻成一圈以定瓜盅蓋的落刀處。用透明膠貼沿刻紋貼一圈，以利刀沿膠貼割入瓜肉，邊割邊把瓜轉動，直至切出瓜盅蓋為止。

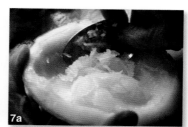

7 瓜盅內的瓜絲亦應挖出待用。小心揀出瓜籽，其餘瓜肉均可用。

••• **瓜盅煮法** ....

1 置瓜殼連蓋於耐熱碗內，放入輸出功率1,000瓦特之微波爐內，大火（100%）加熱10分鐘使熟透。

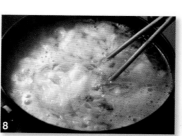

6 用厚柄能受力的鋼湯匙，把瓜肉挖出，至整個瓜瓤與瓜殼分離。先挖出瓜籽，再向內挖深，便見有絲狀白色的瓜肉，繼續向內挖至瓜皮和瓜肉約1/2厘米厚，撕去先前貼上的膠貼。

8 將所有瓜絲放在開水內，大火煮至身軟而透明，倒入疏箕內以冷水沖透，瀝水，用前擠乾水分。

2 從湯鍋取雞湯約6-8杯，放在另一湯鍋內，置於中大火上，撇去湯面浮油，煮至湯再開時加進凍乾松茸絲和浸汁、跟着下魚翅瓜絲、冬筍絲，見有浮泡便撇去，最後下火腿絲，下調味料，試味，盛入瓜盅內供食。

精裝碗仔翅

多年來心中一直想做我自己的精裝碗仔翅。我得到安記推介從日本進口的人工魚翅，試用後覺得外貌實在維肖維妙，質感雖然難與真翅相比，倒也可以魚目混珠，是環保的好材料，我稱之為「如翅」。

於是一本正經地把「如翅」當魚翅，買隻活雞加精肉火腿熬一鍋好上湯，目的本來是做我心目中的碗仔翅，但結果當我把雞胸肉留起來時，覺得做今天流行的碗仔翅，要粗料粗做，怎也不是我家的食風，而且我不是吃街頭小食長大的，我孩童的時候，長輩怎會讓我當街吃零食，更何況是一碗碗的「東西」！

在精食之家長大的我，真是粗不了。我既然花了材料和時間做了正統的上湯，不如就當正「如翅」是魚翅，做其如真包換的碗仔翅，足堪與我記憶中吃到的小碗雞絲生翅如出一轍才是。我又炒了桂花如翅和三絲如翅羹，都不錯。

材料
新鮮光雞	1隻，約900克
如翅	1餅，28克
濕發花膠	1杯
珧柱	50克
紹酒	2茶匙
油	1湯匙
大花菇	3隻
木耳	30克
果皮	1角
薑	1塊，25克
馬蹄粉（或生粉）	1/4杯
雞湯	1/2杯
芫茜	1把（隨意）

調味料
老抽	1/2茶匙
鹽	1茶匙（或多些）
胡椒粉	1/8茶匙
糖	1/2茶匙
麻油	2茶匙

...精裝碗仔翅

我手指的關節，歷年不斷鈣化，幸得跌打中醫不停敷擦藥酒，漸能操刀，但仍不能望大廚師之項背。所以讀者不必擔心技不如人，有心者事竟成，何必計較手法精粗！

挑柱花膠與街頭碗仔翅並無關聯，可有可無。

...準備

2 雞湯已夠味時把雞撈出，順紋將白肉撕成幼絲，其他留用，不必棄去。

4 花菇加水過面發透，每隻片成4-5片，再切成幼絲，浸菇水留用。

3 挑柱置於小碗內，以水浸過面，至身軟時加入紹酒，小火蒸40分鐘，待稍冷撕成細絲。汁留用。

5 花膠發透後，只取尾部較薄部分，切幼絲，約1/2厘米寬，汆水後沖淨。

1 容量4公升厚身湯鍋內加水八成滿，置於大火上，燒至水開時投下薑數片，加入光雞，燒至水重開，以杓子淋滾湯入雞胸，使冷水從頸部流出，重覆淋湯數次，將雞橫放在鍋內，撇去浮泡，待水重行燒開便改為小火，加蓋慢火熬湯約2小時。隔去浮油。

••• **煮法** ....

1a

2a

1b

2b

2 煮湯至再開時調勻馬蹄粉
漿，逐少倒下湯中，邊倒邊
依漩渦狀推動至湯稠，下麻
油包尾，分盛小碗，或可撒
些芫荽葉供食。

1c

6

6 如翅浸軟，汆水後沖冷，瀝
乾水。

7 木耳浸軟汆水，切幼絲。果
皮刮去皮下的瓤，切幼絲。

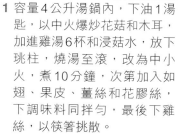
1d

8

8 薑先切幼絲，以些許鹽抓
拌，沖去鹽味待用。

9 馬蹄粉以雞湯1/2杯同調勻。

1 容量4公升湯鍋內，下油1湯
匙，以中火爆炒花菇和木耳，
加進雞湯6杯和浸菇水，放下
珧柱，燒湯至滾，改為中小
火，煮10分鐘，次第加入如
翅、果皮、薑絲和花膠絲，
下調味料同拌勻，最後下雞
絲，以筷箸挑散。

••• **提示** ....

1 如欲簡化手續，作料精與
粗，切粗切幼，悉隨人意，
不必介意。甚至雞湯也可用
罐頭雞湯，加一塊雞胸肉便
成。如翅與粉絲，所差無
幾，用哪一樣都可以。
2 我不用醋調味，精裝碗仔翅
以清淡味鮮為主。

蘆薈椰汁小南瓜盅

主婦入廚，時有割傷燙傷的機會，甚麼燙火膏、雲南白藥、甚至曼秀雷敦等等，總得放在廚房就手的地方，隨時應急。美國的主婦有個好主意，她們會擺一小盆蘆薈在窗台，遇到割傷流血不止或燙傷了，立即折一枝蘆薈，挖出兩層皮中間夾着像果凍的透明物體，一揩在傷口上，便有止血或防止皮膚起泡之效，往往隔日即癒。這是民間智慧。

除了藥用外，蘆薈還可以當食用蔬菜，做菜和煮甜湯都富饒佳趣。香港馬會的林雲輝師傅示範一道「燕窩蘆薈羹」，將蘆薈去皮，取出中間的凍膠，用刀剁碎至與燕窩同一質地，加入上湯和鮮菌煮成羹，看來十分美味。我如法試做後方始發覺原來蘆薈清新滑溜，足堪與燕窩媲美，確是夏日甜品的好材料，我把蘆薈果膠切成塊，與合時水果拌在一起，入冰箱冷藏，入口爽脆，非常方便，比起啫喱或大菜糕，更勝一籌。

在大埔街市見到不同大小的日本種小南瓜，玲瓏可愛，我挑了十來個大小相同、直徑約5厘米的，好等女兒為我宴客時，用作盛器，填入椰汁燕窩，作為飯後甜品。到拍攝食譜時，覺得燕窩委實太貴，便改填以椰汁和蘆薈粒，再加些枸杞子，便有紅綠白三色的效果了。

說到枸杞子，是無湯不歡的廣東人的家中必備。淮山、枸杞子、龍眼肉，都是老火湯的主幹。近年不少酒家，都以杞子入饌，菜成後撒入少量杞子，既有益而增加賣相，更受素食者歡迎。平日用杞子雞心棗放在盅內沖泡成杞子茶，飲完加水再沖，沖至無味時，把杞子和紅棗也一併吃光，是最合乎健康和經濟原則的用法。

...蘆薈椰汁小南瓜盅

一半的大莢蘆薈可夠瓤八個小南瓜以上，賸下來的還可以做湯。如家中種有小棵蘆薈，可折幾莢便夠用了。

... 準備

1 枸杞子以冷開水浸軟。

2 蘆薈切去頭部硬塊，分切成4厘米長的段，切去生長在兩旁的刺，用小刀伸入皮下，把皮片開，然後拉出，現出透明的果凍狀物體，再沿着底下另一層皮上把果凍片出來。

3 如法將每段去皮留中心的果凍，切成約7毫米丁方粒，留用。

材料
日本小型南瓜.....................8個
蘆薈...............1大莢，只用一半
濃椰汁（Kara牌）.................1/4杯
糖.....................................1/4杯
枸杞子.................................1湯匙

4 小南瓜洗淨，切出近蒂部分約1厘米厚作為蓋，挖出瓜瓤及籽，放入蒸籠內，中大火蒸10分鐘。

••• 餡煮法

1 小鍋內加入蘆薈粒和糖，慢慢攪動，煮至糖溶，至水分稍乾，加入椰汁與蘆薈粒同拌勻。是時加入枸杞子。

2 以紙巾吸乾小南瓜內的水分，每個填滿蘆薈、椰汁和枸杞子的混合體，揩淨邊沿，揀出枸杞子放在蘆薈粒上作裝飾，熱食或放入冰箱內藏冷亦可。

燉甜蛋

這個食譜是數學巨擘陳省身教授的太太士寧女士教我的。

與陳教授相識已是四十年前的事了。我那時正在為美國抗癌會當義工，義教義煮，有時還在家中辦筵席，讓有興趣支持的，可以自組一桌，這樣我便可以用自己習慣的廚房，不須指定到某一家會菜了。在柏克萊加省大學任教的陳省身教授，風聞在聖荷西有這麼一個人，於是聯同一些與外子有過從的學者，遠道開車而來，熱鬧得很。後來他和另外一批學者再來吃過一次。在陳教授看來，我這個煮婦，可算得上難能可貴的了。

陳教授覺得我為了籌款奔波勞碌，要請我們到舊金山吃頓法國菜，以表謝忱。那是 1970 年代中期，美國菜尚未闖出名堂，吃法國大菜是件了不起的奢事。他選了當時首屈一指的法國餐室 La Bourgogne。用飯的時候陳教授真的「教」了我們很多吃法國菜的竅門，燒法國菜原來又是陳太太的專長，我們整晚談的是「食」。後來他還邀請我們到他家吃他太太親自下廚燒的法國菜哩！

後來大家在香港和美國見過好幾次面，每次都是盡歡而散。1984 年外子在德國海德堡作為期半年的研究。留歐半年，打從見識巴黎的 Fouchon 起，嚐了 Auberge de L' III 的美食，與大廚 Marc Haebelin 結成朋友，至最後一程到瑞士的 Giradet 餐室，一共品嚐了六家米芝連三星名餐室。這種難得的經驗，如果沒有陳教授的指引，我們歐洲之行決沒有這麼豐富的收穫。

最後一次見陳教授是 2004 年在陳教授獲頒「邵逸夫獎」殊榮的晚上，問及陳太太，他感慨地說已去世四年了。

陳省身教授在 2004 年 12 月 3 日以九十三歲高齡壽終，一生在數學研究、作育英才的貢獻，不用我來饒舌，他為人剛直仁厚，長者風範決然，令我等後輩如沐春風。看着他清的身影，讓人推着輪椅離開講場，好像告訴我：「每一天我仍在努力呢！」

...燉甜蛋

陳省身太太説：做這道甜品，不用甚麼食譜，開一罐鷹嘜煉奶，用罐子盛滿水，與煉奶打勻，另外磕破十二個雞蛋，拌在牛奶內，準備好焦糖，搪勻在模子內，隔水烤熟，很容易記的。

作料

鷹嘜煉奶	1/2罐（約200克）
水	200克
中雞蛋	6個
糖	1/2杯
水	2湯匙
雲呢嗱油	1/2茶匙

••• 做法 ....

1a

1b

1c

1d

1e

1 焦糖做法：厚身小鍋內加糖及水，置中火上，糖一煮溶便改為小火，不停攪拌，至糖色轉為玳瑁色時，移離火，即行分別倒進小燉杯內，搪勻。

2 大碗內倒下煉奶，加水攪勻。

3

3 另在一個碗內，打散6個雞蛋，倒經密眼小篩入有奶水的大碗內，加入雲呢嗱油一同拌勻。

4

4 先置模子在烤盤內，每個倒入蛋液約八分滿，放入預熱至華氏325度（攝氏165度）之烤爐，加開水入烤盤，深及燉杯高度一半，烤25-30分鐘。

5 試用手搖燉杯，如中心稠結，即表示燉蛋已熟，移出座燉杯在一盤冷水內。

••• 供食 ....

1

1 燉蛋可以熱吃或冷吃。冷吃可放進冰箱內藏冷。

2 供食時用小刀沿杯邊剔開，倒扣在碟上。

••• 提示 ....

這是墨西哥式的做法，與法式的燉甜蛋，有異曲同工之妙，但質感稠結得多。蛋液可全部盛在圓形模子內，或分盛至6或8個企身小燉杯內。

143